绿色食品
工作指南

浙江省农产品质量安全中心　组编

浙江科学技术出版社

图书在版编目（CIP）数据

绿色食品工作指南/浙江省农产品质量安全中心组编.—杭州：浙江科学技术出版社，2020.7

ISBN 978-7-5341-9047-6

Ⅰ.①绿…　Ⅱ.①浙…　Ⅲ.①绿色食品—食品加工—指南
Ⅳ.①TS205-62

中国版本图书馆CIP数据核字（2020）第105298号

书　　名	**绿色食品工作指南**
组　　编	浙江省农产品质量安全中心
出版发行	**浙江科学技术出版社**
	网址：www.zkpress.com
	杭州市体育场路 347 号
	邮政编码：310006
	编辑部电话：0571-85152719
	销售部电话：0571-85062597
	E-mail：zkpress@zkpress.com
排　　版	杭州万方图书有限公司
印　　刷	浙江新华数码印务有限公司
经　　销	全国各地新华书店
开　　本	710×1000　1/16　　　印　张　11.25
字　　数	129 000
版　　次	2020 年 7 月第 1 版　　2020 年 7 月第 1 次印刷
书　　号	ISBN 978-7-5341-9047-6 定　价　53.60 元

策划组稿　詹　喜	**责任编辑**　詹　喜
责任美编　金　晖	**责任校对**　李亚学
责任印务　叶文炀	

《绿色食品工作指南》编委会

主　　编：郑永利　李　政　吴愉萍

副 主 编：李　露　彭一文　柳　怡

编写人员：（按姓氏笔画排序）

李　政　李　露　吴愉萍　张文妹

张耀耀　季爱兰　郑永利　郑迎春

柳　怡　黄　庆　黄苏庆　彭一文

审　　稿：汤达钵

组　　编：浙江省农产品质量安全中心

序 言

党的十九大报告指出，中国特色社会主义进入新时代，我国社会主要矛盾已经转化为人民日益增长的美好生活需要和不平衡不充分的发展之间的矛盾。新形势下，农业的主要矛盾已经由总量不足转变为结构性矛盾，突出表现为结构性供过于求和供给不足并存，大路产品多，绿色优质农产品紧缺。这就要求我们持续深化农业供给侧结构性改革，坚持质量兴农、绿色兴农，加快推进农业由增产导向转向提质导向，不断增加绿色优质农产品供给。

绿色食品和地理标志农产品是绿色优质农产品供给的主力军。习近平总书记多次指出，要"大力实施农产品品牌战略，培育若干国内外知名农产品品牌，依法保护农产品地理标志产品和知名品牌"，"加强绿色、有机、无公害农产品供给"。近年来，浙江省农业农村系统坚决贯彻习近平总书记重要指示精神，深入落实中央和省委、省政府的决策部署，以实施乡村振兴战略为总抓手，以农业供给侧结构性改革为主线，坚定高效生态农业发展方向不动摇，坚持"扩大总量规模、优化产品结构、主攻供给质量、创新发展动能"的工作方针，聚焦"一品一标一产业"融合发展，全力实施国家地理标志农产品保护工程，扎实推进省级精品绿色农产品基地建设，努力构建政策支持、技术标准、生产经营、质量管控和品牌推广五大体系，着力推动绿色优质农产品特色化发展、基地化建设、标准化生产、产业化经营、品牌化运作，绿色食品、地理标志农产品规模产量取得跨越式增长，走出了一条颇具浙江特色的绿色优质农产品高质量发展新路子。

为帮助各级"三农"干部、农业生产经营主体更加全面系统地了解和掌握绿色食品、农产品地理标志的质量标准、生产模式和技术要求，进一步壮大绿色优质农产品生产队伍，浙江省农产品质量安全中心组织专家编写了绿色优质农产品工作指南系列图书。这是一件十分必要、非常重要的工作。该系列图书注重操作性和指导性，力求用通俗的文字、专业的解读、实用的案例，将绿色食品、地理标志农产品说清楚、讲明白。相信这一系列图书一定会成为全省绿色食品、农产品地理标志工作者和农业生产经营主体的"好帮手"，对进一步提升我省绿色优质农产品供给能力，更好地满足城乡居民美好生活需要起到十分积极的推动作用。

浙江省人大常委会副主任

2020 年 6 月 16 日

前　言

　　为深入推进"三联三送三落实"，全力实施新时代浙江"三农"工作"369"行动计划，着力推动"一标一品一产业"融合发展，切实加强体系队伍建设，助力乡村振兴和农业绿色发展，我们组织编写了《绿色食品工作指南》《农产品地理标志工作指南》《绿色食品生产资料工作指南》等系列图书。

　　《绿色食品工作指南》以国家农业农村部绿色食品申报审查要求为准则，密切联系浙江实际，彰显浙江特色。全书共分五章：第一章概述了绿色食品的概念、意义和浙江绿色食品发展情况；第二章简要介绍了绿色食品的认定程序；第三、四章则从主体申报与检查员审查视角，重点解读了种植、加工、食用菌、畜禽、水产品、蜂产品6类产品的主体申报、材料审查与现场检查的要点、疑点；第五章从制度层面介绍了绿色食品监督管理的相关要求。本书力求以新颖的编排、通俗易懂的文字、实操填报分析，为基层工作人员与相关企业主体提供一本"口袋式"工具书，"手把手"指导申报，"清单式"明确审查，制度化监督管理。

　　在本书编写过程中，我们参考了中国绿色食品发展中心有关文献资料，并得到了业内相关专家、省内众多绿色食品企业的鼎力支持，在此表示衷心感谢！囿于水平和时间所限，书中难免存在疏漏之处，敬请广大读者批评指正。

编者
2020年4月

目　录

第一章
绿色食品概述

第一节　绿色食品的定义与标志

2012年7月，原农业部第6号部长令颁布的《绿色食品标志管理办法》第二条规定：绿色食品是指产自优良生态环境，按照绿色食品标准生产，实行全程质量控制并获得绿色食品标志使用权的安全优质食用农产品及相关产品。绿色食品作为我国的第一例质量证明商标，经过近30年的不断实践和发展，其市场影响力和知名度逐渐增强，现已成为我国优质安全农产品精品形象的代表。

绿色食品标志图形（图1-1）由三部分构成，上方的太阳、下方的叶片和中心的蓓蕾，象征自然生态；颜色为绿色，象征生命、农业、环保；整个图形为正圆形，意为安全和保护。

GFXXXXXXXXXXXX
经中国绿色食品发展中心许可使用绿色食品标志

GFXXXXXXXXXXXX
经中国绿色食品发展中心许可使用绿色食品标志

GFXXXXXXXXXXXX
Certificated By China Green Food Development Center

图1-1　绿色食品标志

第二节　绿色食品的起源与发展

　　早在20世纪70年代初，在德国成立了"国际农业运动协会（IFOAM）"，提出将各国的有机农业生产方式统一到一个最基本的基础之上，来生产安全无污染的有机农业产品（有机产品）。该联盟的成立旨在组织生产、监制无污染、无公害的有机食品（"生态食品"或"自然食品"）。80年代末90年代初，我国城乡人民生活在解决温饱问题的基础上开始向小康水平迈进，对农产品及加工食品的质量提出了新的要求，农业发展开始实现战略转型，向高产、优质、高效方向发展，农业生产与生态环境和谐发展日益受到关注。根据这种形势，原农业部农垦部门在研究制定全国农垦经济社会"八五"发展规划时，根据农垦系统生态环境、组织管理和技术条件等优势，借鉴国际有机农业生产管理理念和模式，提出在中国开发绿色食品，其实质与"生态食品"或"自然食品"一致。

1991年，绿色食品标志经原国家工商行政管理局核准注册，同时原农业部向国务院呈报了《关于开发"绿色食品"的情况和几个问题的请示》。国务院对此作出重要批复，明确指出："开发绿色食品对保护生态环境，提高产品质量，促进食品工业发展，增进人民健康，增加农产品出口创汇，都具有现实意义和深远影响。要采取措施，坚持不懈地抓好这项开创性工作，各有关部门要给予大力支持。"1992年，国务院在《关于发展高产优质高效农业的决定》中强调"对绿色食品等经国家有关部门正式确定的质量标志要严格管理，依法使用和保护"，发展绿色食品由此成为一项国家战略。同年，原农业部成立绿色食品办公室，并在国家有关部门的支持下组建了中国绿色食品发展中心，组织开展了绿色食品开发和管理工作。1993年，原农业部颁布了《绿色食品标志管理办法》，从此我国绿色食品事业步入了规范有序、持续发展的轨道。2012年7月，原农业部对《绿色食品标志管理办法》进行了修订，并以部长令形式颁布。2016年，原农业部印发了《关于推进"三品一标"持续健康发展的意见》，明确了绿色食品要突出安全优质和全产业链优势，引领优质优价的发展方向。

　　绿色食品经过近30年的蓬勃发展，创建了一套特色鲜明的农产品质量安全管理制度，打造了一个安全优质的农产品精品品牌，取得了显著成效。截至2019年年底，全国有效期内绿色食品企业达16116家，绿色食品达36251个。

第三节　浙江省绿色食品工作进展

　　浙江省绿色食品开发与管理工作始于1990年。按照原农业部统一部署，首先在国有农场系统推进绿色食品发展。1992年，原农业部《关于委托管理绿色食品标志问题的批复》，同意原浙江省农业厅成立浙江省绿色食品办公室，管理本地区绿色食品标志；同年11月，省机构编制委员会印发了《关于省农业厅农场管理局增挂浙江省绿色食品办公室牌子的批复》，同意在原省农业厅下属农场管理局增挂省绿色食品办公室牌子，负责全省绿色食品开发与管理工作。多年来，浙江省农产品质量安全中心（原浙江省绿色食品办公室）积极探索创新发展模式，高质量推进绿色食品发展，绿色食品工作一直走在全国前列。特别是2018年以来，聚焦绿色食品工作转型升级，积极探索集品种、品质、品牌和标准化生产（新"三品一标"）为一体的高质量发展路径，组织实施省级精品绿色农产品基地创建，创新"一标一品一产业"（农产品地理标志、绿色食品、区域特色产业）融合发展模式，绿色食品取得了跨越式发展。截至2019年年底，全省有效期内绿色食品企业为950家，绿色食品达1451个（图1-2），发展速度走在全国前列。

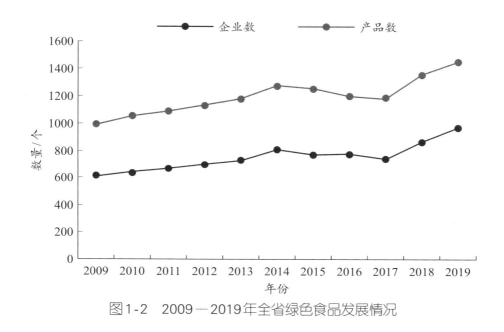

图1-2　2009—2019年全省绿色食品发展情况

一、产业规模不断壮大

近两年来，浙江聚焦区域特色优势农产品，创新性地提出了全县域整建制推进精品绿色农产品基地创建的思路，着力打造全省绿色食品工作的主平台。截至2019年年底，全省建成省级精品绿色农产品基地15个、全国绿色食品原料基地3个、全国绿色食品一二三产业融合发展示范园1个，全省主要食用农产品中绿色优质农产品比率达到55.6%。同时，绿色食品产品日益丰富，产品门类包括水果、茶叶、蔬菜、粮油、林产品及其加工产品，畜禽、水产品及其加工产品等，基本上覆盖了全省农业主导产业。

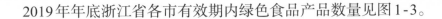

2019年年底浙江省各市有效期内绿色食品产品数量见图1-3。

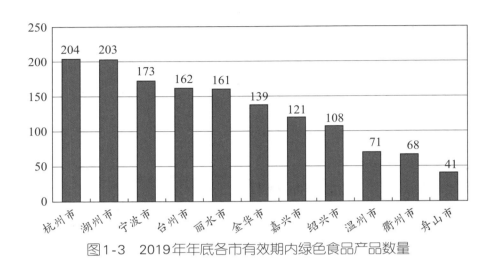

图1-3 2019年年底各市有效期内绿色食品产品数量

二、产品质量稳定可靠

建立健全标准体系，大力推行国家绿色食品标准，切实强化生产主体责任。通过实施"从农田到餐桌"全程质量控制，落实标准化生产，严格产地环境、产品质量检测和投入品管控，提高现场检查和审核认定的规范性，全面加大证后监管力度，有效地保证了绿色食品产品质量。坚持"四个最严"要求，连续6年开展"三品一标"规范提质百日专项行动和绿色农产品质量风险专项监测，实现年均绿色食品抽检覆盖率达30%以上。针对发现的问题，坚决督促整改，2016年以来累计整改123家生产主体，撤销10个绿色食品标志使用权。近年来，浙江省绿色食品合格率始终保持在99.7%以上。

三、品牌影响力日益扩大

创新宣传推广举措，创设"浙江精品绿色农产品"微信公众号，开展浙江省绿色优质农产品包装设计大赛和全省绿色食品宣传月活动，加强与电视媒体战略合作，积极组织参展中国农交会地标专展、中国绿色食品博览会和省农博会，着力提升公共品牌影响力和知名度。2019年，在《翠花牵线》播出专题节目22期，发布微信推文101篇，评选出绿色优质农产品包装设计新方案100个。同时，鼓励全省各地立足当地实际，创新宣传途径，促进优质优价机制形成，如杭州市在大型连锁经营企业设立绿色食品专店、专区和专柜，销售价格上升30%左右，消费者满意度高达98.2%。绿色食品品牌效益有了新提升，如安吉白茶2018年列入首批省级精品绿色农产品基地创建，通过国家绿色食品公共品牌赋能，2019年安吉白茶品牌价值达到40.92亿元，比上年度增加了3.16亿元。

四、体系队伍健全完善

全省建立了覆盖省、市、县三级的工作管理队伍，上下联动机制成熟，有效形成合力发展绿色食品。同时，切实加强管理队伍建设，联合省农业农村厅有关单位围绕绿色优质农产品发展需求、企业生产技术和管理工作实际需求，构建完善的知识更新培训机制，有计划地实施技能培训。每年举办全省农产品地理标志工作培训班、绿色食品检查员和标志监管员培训班、全省绿色农产品质量安全提升培训班，着力提升系统队伍业务水平和综合技能。截至2019年年底，全省有效期内绿色食品检查员、监管员152人，绿色食品企业内检员有2440人，实现了获证主体全覆盖。

第四节 大力发展绿色食品的重要意义

绿色食品是人们对美好生活追求的重要内容，是人类社会文明进步的重要体现。绿色食品在推动农业标准化生产，提升农产品质量安全水平，保障绿色优质农产品供给，促进农业增效、农民增收和农业绿色发展中发挥了积极作用。历年来，党中央高度重视，中央一号文件共8次提出要发展"绿色食品"。早在2000年，习近平同志在福建工作时就对绿色食品作出了重要批示，指出"绿色食品是21世纪的食品，很有市场前景，今后要在生产研发、生产规模、市场开拓方面加大力度"。2007年，时任浙江省委书记的习近平同志提出了"大力实施农产品品牌战略，培育若干国内外知名农产品品牌，依法保护农产品地理标志产品和知名品牌"。2017年，习近平总书记作出重要指示，"要坚持市场需求导向，主攻农业供给质量，注重可持续发展，加强绿色、有机、无公害农产品供给"。2019年中央经济工作会议上，习近平总书记明确要求着力增加绿色优质农产品供给。可见，大力发展绿色食品是贯彻落实习近平总书记"三农"重要论述的实际行动。

一、发展绿色食品是推进农业供给侧结构性改革的有效途径

新时代社会主要矛盾在农产品领域体现为人民日益增长的安全优质农产品需求与供给数量、质量不平衡不充分之间的矛盾。顺应人民

群众消费趋势的变化，着力增加绿色优质农产品供给是解决主要矛盾的重要途径。绿色食品严格按照标准生产，强调"从土地到餐桌"全程质量控制，突出优质、安全、营养，是优质安全农产品供给的主要力量，满足人民群众美好生活需要。发展绿色食品是农业农村部门的重要职责，事关老百姓"舌尖上的安全"。

二、发展绿色食品是农业绿色发展的题中之义

绿色食品是转变农业发展方式的重要内容，将粗放型、散户型、人力化农业生产向规范化、集约化和智能机械化生产转变。现行的绿色食品标准体系包括产地环境标准、生产技术标准、包装贮藏运输标准、产品标准四大标准，按标准生产，全过程可控，注重减少农业投入品不合理使用对环境造成的负面影响，融入了保护环境、崇尚自然、促进绿色可持续发展的理念，实现了转方式与增效益协调发展，是贯彻"绿水青山就是金山银山"发展理念的具体实践，引领农业绿色发展。据有关专家测算，按现行的绿色食品标准在农业投入品管理上比常规生产要严格5倍以上，年均可减少氮肥使用268万吨，减少农药使用9.4万吨，有效利用了农业废弃物秸秆、畜禽粪便5850万吨以上，减少二氧化碳排放量3400万吨。

三、发展绿色食品是实施乡村振兴战略的重要内容

乡村振兴战略是新时代"三农"工作总抓手，是当前我们所有工作的出发点和落脚点。乡村振兴战略"产业兴旺、生态宜居、乡风文明、治理有效、生活富裕"的总要求与绿色食品工作具有非常多的结合点，坚持以绿色食品认定为载体，促进现代农业绿色化、优质化、特色化

发展，通过公共品牌带动，培育和壮大主导产业，延长产业链条和价值链，促进区域优势特色农产品发展，是推动产业兴旺的重要抓手。同时，通过绿色食品公共品牌引领，加快构建"公司＋基地＋农户"产业化模式，强化企业与农户的利益联结机制，促进企业增效、农民增收和精准脱贫。

第五节　新时期绿色食品发展对策

　　面对新时期、新形势、新要求，浙江省绿色食品发展总体来看仍存在诸多不足，制约着绿色食品高质量发展。一是绿色食品发展内在动力不足。绿色食品知名度、影响力和消费者知晓率亟待进一步提高，优质优价机制不够健全，再加上绿色食品认定、执行绿色食品标准导致生产经营成本增加等原因，农业生产主体主动申请绿色食品认定的积极性不高，较多生产主体靠奖补政策的驱动来申请认定，缺少对绿色食品公共品牌的忠诚度。二是产业分布不够优化。2015—2018年，有效期内绿色食品数量排在前四位的产品类型依次为果品类、蔬菜类、茶叶类、深加工类，分别占比35%、20%、16%、10%左右，总体上以鲜活农产品为主，加工农产品占比少，水产品、畜禽产品比重更低。三是获证主体续展率比较低。目前，绿色食品获证10年以上企业166家，产品269个，仅占有效期内生产主体数的19%，产品数的18.3%。绿色食品续展率长年徘徊在60%左右。四是标志使用率不够高。一些获证主体对农产品品牌、包装设计的重视程度不够，全省绿色食品精品包装率和带标上市率不高。一些生产主体存在冒用、逾期使用、不规范用标等违规使用绿色食品标志的行为。五是区域性绿色食品标准体系尚未建立。浙江省绿色食品标准体系建设还不完善，标准推广应用还需进一步加强。

今后一个时期，紧扣新时代高质量发展要求，浙江省绿色食品工作总体思路是坚持以市场需求为导向，以公用品牌为纽带，扩大总量规模，优化产品结构，主攻供给质量，创新发展动能，大力推行特色化发展、基地化建设、标准化生产、产业化经营，着力提升产业水平、产品质量、产业效益，不断增强绿色优质农产品供给能力，努力打造全国绿色食品大省。

一、在"特色"上下大功夫，提升区域优势产业层次

一是聚焦特色产业建基地。聚焦全省十大主导产业特色农产品优势区，每年新建精品绿色农产品基地10个，以县域为单位整建制推行"六个一"发展模式（即建设一片规模基地、制定一个操作规程、新增一批绿色食品、打响一个区域品牌、提升一个特色产业、带动一方农民致富），在区域特色农产品产业内全面推行国家绿色食品标准，整体提升区域特色产业发展层次，创建结束时基地内80%以上的规模生产主体获得绿色食品认定，绿色食品监测面积占总种植（养殖）面积30%以上，着力提高精品包装率和带标上市率。二是聚焦特色产业强标准。加大绿色食品标准的宣传培训和指导服务，督促获证生产主体严格按照绿色食品标准组织生产，确保认定的产品更加优质、安全。加强绿色食品技术标准体系研究，突出重点区域特色农产品，开展绿色食品

生产技术操作规程制定，实现重点品种、重点环节全覆盖，全面提升特色农产品产业标准化水平。

二、在"融合"上下真功夫，促进一标一品协同发展

一是聚焦"一标一品一产业"，推动"农产品地理标志＋绿色食品"融合发展。优先支持获证地理标志农产品，实施国家农产品地理标志保护工程，开展省级精品绿色农产品基地创建，推广应用绿色食品标准，创新绿色食品审核检查模式，提高绿色食品认定率，促进特色产业发展。二是积极探索"四基地"融合推进。以省级精品绿色农产品基地为依托，有条件的地方提高标准，争取地方政府重视，积极开展全国绿色食品原料标准化基地、全国绿色食品一二三产业融合发展示范园、全国农产品地理标志示范样板创建，着力打造一批拿得出、叫得响的"国字号"基地。

三、在"宣传"上下细功夫，擦亮绿色食品金字招牌

创新宣传载体渠道，着力唱响绿色优质农产品公共品牌。省中心与浙江公共新闻频道开展战略合作，冠名《翠花牵线》栏目，深入区域特色农产品基地，每年拍摄播出20期以上专题节目，深入解读特色农产品生产，传播绿色生产理念，唱响绿色公共品牌。运营好"浙江精品绿色农产品"微信公众号，构建常态化宣传、农产品推介和知识科普平台。举办全省绿色农产品包装设计大赛，组织参加"中国绿色食品博览会"等全国性展会，让全省精品绿色农产品走进千家万户，全力提升品牌知名度和影响力。

四、在"监管"上下硬功夫，严把绿色农产品质量关

一是加强质量追溯监管。深化农产品质量追溯体系建设，探索以智慧监管App为切入点，打通追溯平台、质量认定和日常监管数据，打造全省农产品质量安全数据中心、监测中心和预警中心，全面提升大数据监管能力和监管实效。二是加强标志使用管理。创新监管机制，建立健全专项检查与交叉检查相衔接、属地巡查与省市抽查相结合、检查检测与整改打击相联动的常态化监管机制，打通质量安全监管"中梗阻"。全面落实属地管理责任，推进绿色食品监管工作重心从产品监管和过程监管转向主体自觉。着力提升获证主体内部质量控制能力，压紧、压实主体第一责任，打通质量安全"最后一公里"。三是加强队伍体系建设。着力构建全方位、多层次、精准化的知识培训机制，针对系统监管人员，开展全省绿色食品监管体系队伍培训；针对各类主导产业生产主体，开展全省绿色食品生产主体素质提升培训；针对长期从事绿色食品生产的经营主体，开展全省绿色食品乡村振兴领军人才培训。加强绿色食品发展专家团队建设，不断扩大绿色食品高质量发展的"朋友圈"和"同盟军"。

第二章
绿色食品认定程序

　　绿色食品认定涉及申请人、省市县绿色食品工作机构、检查员、检测机构以及中国绿色食品发展中心，一般采取单个生产主体单个产品或单个生产主体多个产品的方式认定。省级精品绿色农产品基地内主体可采取集中产地产品检测、集中现场检查、整体申请认定的方式，整个申请审查过程需经过8个环节。

第一节　认定流程

　　绿色食品认证流程见图2-1。

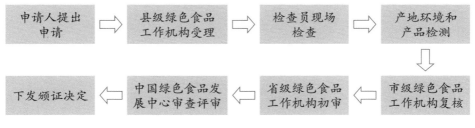

图2-1　绿色食品认定流程图

绿色食品认定工作模式见图2-2。

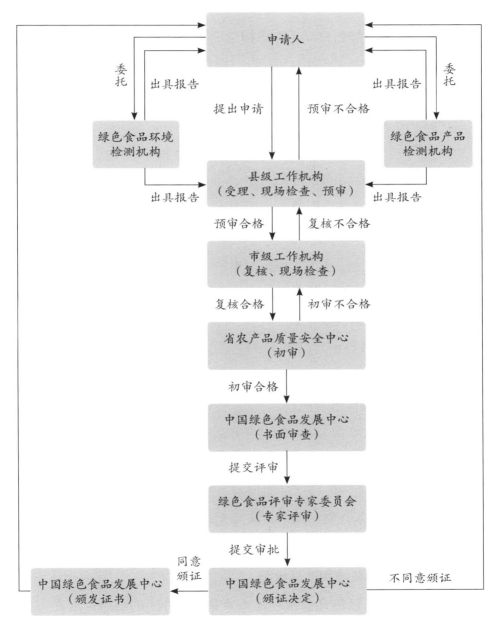

图2-2 绿色食品认定工作模式图

第一步：申请人向县级绿色食品工作机构提出申请，并填写书面申报材料

第二步：县级绿色食品工作机构受理审查

县级绿色食品工作机构自收到申请材料10个工作日内，完成材料审查。

审查结果：

（1）材料合格，予以受理。向申请人发出《绿色食品申请受理通知书》，说明现场检查时间和内容。

（2）材料不完备，需要整改。向申请人发出《绿色食品申请受理通知书》，说明整改时限及内容。

（3）材料不合格，不予受理。向申请人发出《绿色食品申请受理通知书》，说明本次生产周期不再受理该主体申请。

第三步：检查员现场检查

材料审查合格后45个工作日内（受作物生长期影响可适当延后），由省或市级工作机构统一组织或县级工作机构自行组织至少两名检查员对申请人产地进行现场检查。

检查结果：

（1）现场检查合格。向申请人发出《绿色食品现场检查意见通知书》，可以进行产地环境和产品质量检测。

（2）现场检查不合格。向申请人发出《绿色食品现场检查意见通知书》，说明本次生产周期不再受理该主体申请。

第四步：产地环境和产品检测

申请人按照《绿色食品现场检查意见通知书》的要求，委托中国绿色食品发展中心指定的检测机构对产地环境和产品质量进行检测和评价。

第五步：市级绿色食品工作机构复核

市级绿色食品工作机构对县级机构提交的主体申请与现场检查材料进行复核，并报送省级工作机构，同时完成网上报送。

第六步：省级工作机构初审

省级工作机构自收到材料20个工作日内完成初审。如申报材料完备可信，现场检查报告真实规范，环境和产品检验报告合格有效，则报送中国绿色食品发展中心，同时完成网上报送。

第七步：中国绿色食品发展中心审查、评审

中国绿色食品发展中心自收到申请材料30个工作日内完成综合审查。

审查结果：

（1）审查合格，进入专家评审。

（2）限时整改。

中国绿色食品发展中心在完成综合审查的20个工作日内组织召开专家评审会，专家组提出评审意见。

第八步：下发颁证决定

中国绿色食品发展中心根据专家评审意见，在5个工作日内作出是否颁证的决定。同意颁证的，申请人须与中国绿色食品发展中心签订《绿色食品标志使用合同》，完成缴费后，领取绿色食品证书。

第二节　颁发证书

申请主体提交的认定申请材料通过中国绿色食品发展中心审核后，将在"绿色食品审核与管理系统"中生成电子版《绿色食品标志使用合同》（以下简称《合同》），浙江省农产品质量安全中心下载电子《合同》，并通过农民信箱等网上方式转发各市绿色食品办公室，各市绿色食品办公室直接或者通过县级绿色食品工作机构将《合同》转发给申请主体。申请主体收到《合同》后，需要按以下程序办理证书领取手续。

一、签订《合同》

填写《合同》第1页的有关项目，并由单位法定代表人在《合同》最后一页被许可人（乙方）处签字、盖章。如非法人代表签字，须附《法人代表委托书》。《合同》（一式三份）须在2个月内签订，并寄至中国绿色食品发展中心标识管理处，过期将被视为自行放弃办证。

二、交纳费用

将按照《合同》第六条核定的审核费及第一年标志使用费电汇至中国绿色食品发展中心银行账户，具体账户信息以《合同》内容为准。为便于核查和避免延误办证，请勿通过邮局汇款，也不要以个人或其他单位代为汇款。汇款时请注明缴费项目，保持汇款单位名称与申报绿色食品的单位名称一致。如因特殊情况以个人或其他单位代为汇款的，请在汇款单备注栏中注明申报绿色食品的单位名称及联系方式，同时将汇款单复印件盖章后随《合同》寄回中国绿色食品发展中心。

三、开具发票

根据国家税务总局文件的规定，绿色食品申请单位需协助提供开票信息（单位全称、纳税人识别号、单位地址和电话、开户行及银行账号、发票种类，详见电子《合同》后附的"税务信息收集表"），中国绿色食品发展中心为申请认定单位开具增值税发票。涉及汇款及发票问题，请与中国绿色食品发展中心财务处联系，联系电话：010-59193626，010-59193625。

四、颁发证书

中国绿色食品发展中心收到《合同》及费用后，在10个工作日内颁发证书，并将证书、《合同》寄送浙江省农产品质量安全中心，浙江省农产品质量安全中心收到证书、《合同》后复印留档，并及时将原件寄送各市绿色食品办公室，各市绿色食品办公室直接或者通过县级绿色食品工作机构将证书、《合同》寄送给申请主体。申请主体如需要英文证书，可填报"绿色食品英文证书信息表"，由中国绿色食品发展中心审核后制发。

第三章
绿色食品申报要求

第一节　初次申请

　　绿色食品初次申请是指至少在产品收获前3个月，符合条件的生产主体首次申请绿色食品标志使用许可。

一、申报条件

　　生产主体申报需同时满足申请人、申请规模、申请产品条件。

（一）申请人条件

1.基本条件

　　（1）能够独立承担民事责任。如企业法人、农民专业合作社、个人独资企业、合伙企业、家庭农场等，以及国有农场、国有林场和兵团团场等生产单位。

　　（2）具有稳定的生产基地。

（3）具有绿色食品生产的环境条件和生产技术。

（4）具有完善的质量管理体系，并至少稳定运行1年。

（5）具有一定的生产规模。

（6）具有与生产规模相适应的生产技术人员和质量控制人员。

（7）申请前3年内无质量安全事故和不良诚信记录。

（8）与绿色食品工作机构或检测机构不存在利益关系。

疑问解答

　　某茶叶协会要申请绿色食品标志，以便其所有会员企业都可以使用绿色食品标志，是否符合条件？

　　不符合。绿色食品申请人范围包括企业法人、农民专业合作社、个人独资企业、合伙企业、家庭农场等，以及国有农场、国有林场和兵团团场等生产单位。行业协会等社团组织不具备生产能力，不能作为申请主体。

2.委托生产的申请人条件

　　委托生产指申请人不能独立完成申请产品种植（养殖）、加工全部环节的生产，而需要把部分环节委托他人完成的生产方式，包括委托种植（养殖）与委托加工。

　　（1）委托种植（养殖）：实行委托种植（养殖）的加工业申请人应与种植（养殖）公司、合作社、农户或其他单位签订绿色食品委托种植（养殖）合同或协议，规定委托方种植（养殖）规程符合绿色食品生产要求，建立长期稳定的合作关系。

（2）委托加工：应有固定的原料生产基地，其基地来源包括自有产权、土地流转或合作社（土地入股）；被委托方须具备相关产品加工生产许可（不包括食品生产加工小作坊生产许可）。

（3）特别情况：既无稳定生产基地，又无加工场所的，不符合绿色食品申请人条件。原料直接委托生产或收购于绿色食品原料标准化生产基地的申请人，委托加工方应是已获批准的绿色食品企业。

3.总公司及其子公司、分公司申报条件

（1）总公司或子公司，可独立作为申请人单独提出申请。

（2）"总公司＋分公司"可作为申请人，分公司不可独立申请。

（3）总公司可作为统一申请人，子公司或分公司作为其生产场所。

（二）申请规模条件

1.种植业

具体规模条件见表3-1。

表3-1　种植业申请规模条件

产品		最小规模要求
粮油作物		500亩
茶叶		100亩
蔬菜	露地	100亩
	设施	50亩
水果	露地	100亩
	设施	50亩
食用菌	土栽	50亩
	基质栽培	50万袋

2.养殖业

具体规模条件见表3-2。

表3-2　养殖业申请规模条件

产品		最小规模要求
牛	肉牛	年出栏量500头
	奶牛	年存栏量500头
肉羊		年出栏量2000头
生猪		年出栏量2000头
禽	肉禽	年存栏量10000只
	蛋禽	年存栏量10000只
水产品		湖泊水库养殖500亩
		养殖池塘200亩

注：蜂产品目前暂无明确的规模要求。

3.省级精品绿色农产品基地

省级精品绿色农产品基地内主体申报最小规模要求，由浙江省农产品质量安全中心根据中国绿色食品发展中心意见，结合产品特点、区域主体一般种养规模等合理设定。目前，省级精品基地内种植业主体最小规模要求为50亩。

（三）申请产品条件

申请产品应满足以下基本条件。

（1）应符合《中华人民共和国食品安全法》和《中华人民共和国农产品质量安全法》等法律法规的规定。

（2）属于《绿色食品产品标准适用目录》内的产品。

（3）产品属于国务院卫生行政主管部门发布的"可用于保健食品的物品名单"中的产品，需取得国家相关保健食品或新食品原料的审批许可后方可进行申报。

（4）产品产地符合《绿色食品 产地环境质量》（NY/T 391）标准。

（5）农药、肥料等投入品使用符合《绿色食品 农药使用准则》（NY/T 393）与《绿色食品 肥料使用准则》（NY/T 394）。

（6）产品质量符合绿色食品产品质量标准。

（7）包装、贮运符合《绿色食品 包装通用准则》（NY/T 658）与《绿色食品 贮藏运输准则》（NY/T 1056）。

（四）申报前准备

（1）安排生产主体人员参加绿色食品培训，获得绿色食品内检员注册资格。

（2）登录国家农产品质量安全追溯管理信息平台，完成生产经营主体注册。

二、申报材料

（一）种植产品

1.申请材料清单

（1）《绿色食品标志使用申请书》和《种植产品调查表》。

（2）质量控制规范。

（3）生产技术规程。

（4）基地位置图和地块分布图。

（5）基地来源及相关权属证明。

（6）预包装食品标签设计样张（仅预包装产品提供）。

（7）环境质量检测报告。

（8）产品检验报告。

（9）国家农产品质量安全追溯管理信息平台注册证明。

（10）中国绿色食品发展中心要求提供的相关文件。

疑问解答

　　某家庭农场种植水稻300亩、桃100亩、柑橘100亩，要申报绿色食品大米是否符合条件？

　　视具体情况而定。该农场水稻种植规模仅300亩，不满足粮油作物规模要求。如该农场同时将桃、柑橘申报绿色食品，合计种植面积达到粮油作物500亩的规模要求，可视同满足规模条件。

2.材料详解

（1）《绿色食品标志使用申请书》。该申请书主要包括3个表格，分别为申请人基本情况、申请产品基本情况和申请产品销售情况，适用于所有绿色食品申报产品，具体填写注意事项如下。

绿色食品标志使用申请书

初次申请□　续展申请□　增报申请□ ᵃ

申请人（盖章）ᵇ ＿＿＿＿＿＿＿＿＿＿＿＿

申请日期 ᶜ ＿＿＿年＿＿＿月＿＿＿日

中国绿色食品发展中心

【注意事项】

　　a.申请人根据实际勾选，如增报申请时，伴随已有产品续展应同时勾选续展申请，否则同时勾选初次申请。

　　b.填写与营业执照、公章一致的名称，并盖章。

　　c.申请日期为材料准备完整，准备提交的日期。

填写说明

一、本申请书一式三份，中国绿色食品发展中心、省级工作机构和申请人各一份。

二、本表应如实填写，所有栏目不得空缺，未填部分应说明理由。

三、本申请书无签名、盖章无效。

四、申请书的内容可打印或用蓝、黑钢笔或签字笔填写，语言规范准确、印章（签名）端正清晰。

五、申请书可从中国绿色食品发展中心网站下载，用A4纸打印。

六、本申请书由中国绿色食品发展中心负责解释。

保证声明

我单位已仔细阅读《绿色食品标志管理办法》有关内容，充分了解绿色食品相关标准和技术规范等有关规定，自愿向中国绿色食品发展中心申请使用绿色食品标志。现郑重声明如下：

1.保证《绿色食品标志使用申请书》中填写的内容和提供的有关材料全部真实、准确，如有虚假成分，我单位愿承担法律责任。

2.保证申请前三年内无质量安全事故和不良诚信记录。

3.保证严格按《绿色食品标志管理办法》、绿色食品相关标准和技术规范等有关规定组织生产、加工和销售。

4.保证开放所有生产环节，接受中国绿色食品发展中心组织实施的现场检查和年度检查。

5.凡因产品质量问题给绿色食品事业造成的不良影响，愿接受中国绿色食品发展中心所作的决定，并承担经济和法律责任。

法定代表人（签字）：　　　　　　　　申请人（盖章）

　　　　　　　　　　　　　　　　　　年　　月　　日

一　申请人基本情况

申请人（中文）			
申请人（英文）^a			
联系地址^b		邮编	
网址^a			
统一社会信用代码^c			
食品生产许可证号^d			
商标注册证号^e			
企业法定代表人	座机		手机
联系人^b	座机		手机
内检员	座机		手机
传真^a	E-mail^a		
龙头企业^f	国家级□　省（市）级□　地市级□		
年生产总值（万元）		年利润（万元）	
申请人简介^g			

【注意事项】

a."申请人（英文）""网址""传真""E-mail"，如无可不填写。

b."联系地址""联系人"务必真实填写。

c."统一社会信用代码"填写营业执照中有效代码，总公司和分公司若一同申报，需填写总公司和分公司两者的统一社会信用代码并注明。

d."食品生产许可证号"填写食品生产许可证中代码，委托加工的应填写委托加工企业的食品生产许可证号并注明。

e.申请人如使用商标，则填写商标注册证号；如不使用，则不需填写。

f.根据企业龙头企业级别实际填写，如无，则不需填写。

g."申请人简介"需介绍申请人注册时间、地址、主要经营产品、销售情况等。

二 申请产品基本情况

产品名称[a]	商标[b]	产量(吨)[c]	是否有包装[d]	包装规格[e]	绿色食品包装印刷数量[f]	备注

注:续展产品名称、商标变化等情况需在备注栏中说明。

三 申请产品销售情况

产品名称	年产值(万元)	年销售额(万元)	年出口量(吨)[g]	年出口额(万美元)[g]

填表人(签字):　　　　　内检员(签字):

注:内检员适用于已有中国绿色食品发展中心注册内检员的申请人。

【注意事项】

a.申请材料中"产品名称"应保持一致,并与产品检测报告中产品名称相同。

b."商标"应与商标注册证一致。如有图形、英文或拼音等,应按"文字+拼音+图形"或"文字+英文"等形式填写;如一个产品同一包装标签中使用多个商标,商标之间应用顿号隔开。

c."产量"填写该产品盛产时期年产量。

d.如有包装,则提供产品包装标签复印件。

e."包装规格"填写同一产品不同包装重量的规格,如5克、10克等。

f.按不同包装规格印刷数量填写。

g.如无出口业务,不需填写"年出口量""年出口额"。

（2）《种植产品调查表》。该表主要包括11个表格，涵盖农作物种植过程中产地选择、选种、灌溉、病虫害防治、采后处理等环节，具体填写注意事项如下。

种植产品调查表

申请人（盖章） _____

申请日期 _____年____月____日

中国绿色食品发展中心

注：填写同《绿色食品标志使用申请书》封面。

一 种植产品基本情况

作物名称[a]	种植面积（万亩）[b]	年产量（吨）[b]	基地类型[c]	基地位置（具体到村）[d]

注：基地类型填写自有基地（A）、公司＋合作社＋农户（B）、绿色食品原料标准化基地（C）。

二 产地环境基本情况

产地是否远离工矿区和公路铁路干线	
产地周围5千米，主导风向的上风向20千米内是否有工矿污染源	
绿色食品生产区和常规生产区域之间是否有缓冲带或物理屏障？请具体描述[e]	

注：相关标准见《绿色食品　产地环境质量》（NY/T 391）和《绿色食品　产地环境调查、监测与评价规范》（NY/T 1054）。

【注意事项】

a."作物名称"填写种植产品或产品原料作物名称，如申报产品为大米，则应填写水稻。

b."种植面积"和"年产量"应按不同作物分别对应填写，轮作、间作或套作应注明。

c."基地类型"根据实际填写，其中自有基地包含土地权属自有、承包、流转或土地入股专业合作社等形式。

d."基地位置"应包含申报作物的所有基地，并具体到村，单品作物5个以上的可另附清单。

e.应具体描述涉及的隔离带、隔离林、防护林等具体防护措施。

三 种子(种苗)处理

种子(种苗)来源[a]	
种子(种苗)是否经过包衣等处理? 请具体描述处理方法[b]	
播种(育苗)时间	

注:已进入收获期的多年生作物不填写本表(如果树、茶树等)。

四 栽培措施和土壤培肥

采用何种耕作模式(轮作、间作或套作)? 请具体描述	
采用何种栽培类型(露地、保护地或其他)	
是否休耕	

秸秆、农家肥等使用情况			
名称	来源[c]	年用量(吨/亩)	无害化处理方法[d]
秸秆			
绿肥			
堆肥			
沼肥			

注:"秸秆、农家肥等使用情况"栏不限于表中所列品种,视具体使用情况填写。

【注意事项】

a."种子(种苗)来源"包括自繁自育、外购等形式,外购种子应写明种子生产商、种子登记备案号等内容。

b.具体描述种子(种苗)处理措施。外购,应填写是否含包衣剂;自繁自养,应填写具体处理方法,明确农药名称、用量及使用方法,如温汤浸种、石灰消毒、农药拌种等内容。

c.肥料来源应填写是否为外购或自制。

d.无害化处理方法包括物理方法、化学方法和生物方法三种。物理方法如暴晒、高温处理等;化学方法是用化学物质除害;生物方法如接菌后的堆腐和沤制等。

五　有机肥使用情况

产品名称	肥料名称[a]	年用量（吨/亩）	商品有机肥有效成分氮磷钾总量（%）[b]	有机质含量（%）[c]	来源[d]	无害化处理

注：该表应根据不同产品名称依次填写，包括商品有机肥和饼肥。

六　化学肥料使用情况

产品名称	肥料名称[a]	有效成分（%）			施用方法[e]	施用量（千克/亩）	当地同种作物习惯施用无机氮肥	
		氮	磷	钾			种类[a]	用量[千克/(亩·年)]

注：1. 相关标准见《绿色食品　肥料使用准则》（NY/T 394）。

　　2. 该表应根据不同产品名称依次填写。

　　3. 该表包括有机－无机复混肥使用情况。

【注意事项】

　a. 应填写肥料的通用名称，并在括号中备注商品名。

　b. 商品有机肥填写包装标签中氮磷钾总量，非商品有机肥不填。

　c. 商品有机肥填写包装标签中标示的有机质含量，自制有机肥填写估算有机质含量。

　d. 填写肥料或用于制作有机肥料的原料来源。

　e. "施用方法"包含喷施、撒施、水肥一体化。

七　病虫草害农业、物理和生物防治措施

当地常见病虫草害	
简述减少病虫草害发生的生态及农业措施	
采用何种物理防治措施？请具体描述防治方法和防治对象	
采用何种生物防治措施？请具体描述防治方法和防治对象	

注：若有间作或套作作物，请同时填写其病虫草害防治措施。

八　病虫草害防治农药使用情况

作物名称	农药通用名称[a]	登记证号[b]	防治对象	使用方法

注：1.相关标准见《农药合理使用准则》（GB/T 8321）、《绿色食品　农药使用准则》（NY/T 393）。

　　2.若有间作或套作作物，请同时填写其病虫草害农药使用情况。

　　3.该表应根据不同产品名称依次填写。

　　4.农药使用方法填写喷雾、沟施、熏蒸、土壤处理等。

九　灌溉情况

是否灌溉		灌溉水来源[c]	
灌溉方式[d]		全年灌溉用水量（吨/亩）	

【注意事项】

　　a.填写农药包装标签中农药通用名称，并备注商品名。

　　b.填写农药包装标签中农药登记证号，并应与中国农药信息网上查询结果一致。

　　c."灌溉水来源"包括天然降水（雨水）、地表水、地下水、溪泉水等。

　　d."灌溉方式"包括喷灌、滴灌等。

十 收获后处理及初加工

收获时间[a]	
收获后是否有清洁过程？请描述方法[b]	
收获后是否对产品进行挑选、分级？请描述方法[b]	
收获后是否有干燥过程？请描述方法[b]	
收获后是否采取保鲜措施？请描述方法[b]	
收获后是否需要进行其他预处理？请描述过程[b]	
使用何种包装材料？包装方式[c]	
仓储时采取何种措施防虫、防鼠、防潮[d]	
请说明如何防止绿色食品与非绿色食品混淆[e]	

十一 废弃物处理及环境保护措施[f]

填表人（签字）：　　　　　　　　内检员（签字）：

【注意事项】

a."收获时间"按不同作物分别填写，并具体到日期；有多茬次或多批次采收的，应按茬口或批次填写收获时间。

b.简要描述收获后清洁、挑选、分级、干燥、保鲜等预处理方法，如清洁剂、保鲜剂、器具等使用情况。

c.应描述包装材料具体材质，包装方式包含袋装、罐装、瓶装等。

d.防虫、防鼠、防潮应填写具体措施，如有药剂使用，应说明具体成分。

e.说明具体防止混淆的措施。

f.简要说明种植过程中投入品、包装袋、残次品，以及采收后绿植杂草、收获后处理和初加工产生的废弃物的处理方法；基地周边环境保护措施。

（3）质量控制规范。绿色食品质量控制规范应重点包括组织机构设置及人员分工、投入品供应与管理、基地管理、采收及质量验收、包装贮运管理五个部分。

A.组织机构设置及人员分工。浙江省主要有家庭农场型、公司型与合作社型三种主体类型。

家庭农场型：一般以家庭成员为主进行生产，并根据常年的生产经验，对家庭成员的分工进行明确（见图3-1），形成纸质的制度。不同模块的负责人，可以是同一人员或不同人员。

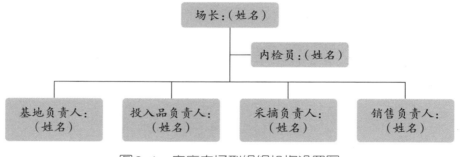

图3-1　家庭农场型组织机构设置图

场长：全面负责绿色食品的生产和销售。

内检员：按照绿色食品标准和管理要求，协调、指导、检查和监督农场内部绿色食品原料采购、基地建设、投入品使用、产品检验、包装印刷等工作。

基地负责人：负责安排种子种苗的采购、种植基地的选择、农事活动的安排。

投入品负责人：负责投入品的采购和使用。

采摘负责人：负责组织绿色食品的采摘。

销售负责人：负责绿色食品的销售、记录和投诉意见处理等。

公司型：组织机构设置见图3-2，具体负责人的职责可参考"家庭农场型"。

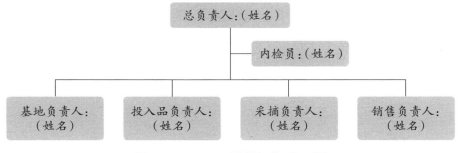

图3-2　公司型组织机构设置图

合作社型：即统一组织生产、统一投入品采购、统一销售的生产主体，组织机构设置见图3-3。

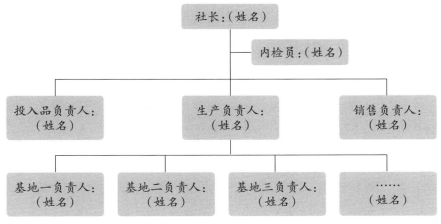

图3-3　合作社型组织机构设置图

社长：全面负责绿色食品的生产和销售。

内检员：宣传贯彻绿色食品标准；按照绿色食品标准和管理要求，协调、指导、检查和监督合作社内部绿色食品原料采购、基地建设、投入品使用等工作。

投入品负责人：负责投入品的采购和使用。

生产负责人：负责组织生产。

基地负责人：根据各自所管辖的基地范围，负责组织农户实施生产。

销售负责人：负责绿色食品的销售、记录和投诉意见处理等。

B.投入品供应与管理。建立投入品等生产资料的采购、使用、仓储、领用等制度。具体内容如建立投入品仓库；确定专人管理；明确农药、肥料分门别类摆放要求；做好采购后入库、出库手续和记录；定期对库存的投入品进行检查，及时处理过期投入品等。

C.基地管理。包括种植品种选择、播种育苗、肥料使用、田间管理、病虫害防治、农事操作记录等。

D.采收及质量验收。包括采收流程与具体要求，做好采收和销售记录，质量追溯管理和生产档案记录，内部检查与检测安排等。

E.包装及贮运管理。包括仓储卫生环境、配送方式等。

F.平行管理。如存在绿色食品和常规产品平行生产的情况，说明区分管理措施，防止绿色食品与常规产品混淆。

（4）生产技术规程。绿色食品生产技术规程应具体说明产地环境、栽培技术、肥料使用、田间管理、病虫害防治、产品收获、包装贮运等每个环节的具体标准与要求，充分展现绿色优质特色化种养技术。

A.立地条件及环境质量。具体描述基地选址、地块条件，基地周围5千米、主导风向20千米内情况，绿色食品种植区与常规产品区之间的物理屏障等。

B.选种与栽培。说明种植品种、种子来源、种子消毒及处理方法、茬口安排与轮作方式，育苗方法、苗期管理、定植密度等。

C.肥料制作与使用。说明有机肥料与无机肥料具体名称、施用时间、使用方法、全年用量、每次用量等;若自制堆肥,应描述堆肥种类、成分、方法等,并应符合《绿色食品　肥料使用准则》(NY/T 394)的要求。

D.病虫害防治。包括农业措施,物理、生物和化学防治措施,涉及化学防治的,应明确农药名称、防治对象、使用方法和使用时间,并应符合《绿色食品　农药使用准则》(NY/T 393)要求。

E.其他田间措施。包括灌溉管理及其他农事操作措施。

F.产品收获。说明收获方式、亩产量,采收后清洁、挑选、干燥、保鲜等处理措施。平行生产及废弃物处理等应符合绿色食品相关标准要求。

G.包装贮运。说明产品包装材料,仓储运输中保鲜、防虫、防鼠、防潮的具体措施,应符合《绿色食品　贮藏运输准则》(NY/T 1056)及相关绿色食品标准要求。

H.生产废弃物处理。说明农药包装袋、农膜等回收处理方法。

I.记录档案。说明档案记录内容与保存时间。

(5)基地位置图和地块分布图。

A.基地位置图。绘制范围:基地及周边5千米区域内村庄、河流、道路、山林等情况;标识:基地位置(具体到乡镇村)、比例尺等。

B.地块图。可手绘,应准确标识出地块内区域布局,具体包括作物种植、相邻土地利用情况、排灌系统、隔离设施、仓库等。

(6)绿色食品基地包含三种类型:全国绿色食品原料标准化生产基地、自有基地(见表3-3)、"公司+合作社+农户"模式(见表3-4)。基地清单模板见表3-5、农户清单模板见表3-6。

表3-3　自有基地

类别	需提供资料
自有土地	自有产权证明,如产权证、林权证、国有农场所有权证书等
流转土地	土地承包合同复印件、至少2份土地流转合同、基地清单(如发包方为村委会、村民小组等,需提供土地租赁清册)
土地入股型合作社	提供合作社章程和社员清单

表3-4　公司＋合作社＋农户

类别		需提供资料
公司＋农户	农户数50户以下	基地清单、全部农户清单、至少两份与农户签订的有效期3年以上的委托生产合同复印件
	农户数50户以上	建立基地内部分块管理制度,并提供所有分块管理负责人姓名及负责地块的种植品种、农户数、种植面积及预计产量
公司＋合作社＋农户		至少2份公司与合作社签订的有效期3年以上的委托生产合同,2份合作社与农户签订有效期3年以上的委托生产合同、基地清单

表3-5　基地清单模板

序号	合作社名(基地村名)	农户数	种植作物	种植面积	预计产量	负责人员
合计						

申请人(盖章):

表3-6　农户清单模板

序号	基地村名	农户姓名	种植作物	种植面积	预计产量
合计					

申请人(盖章):

全国绿色食品原料标准化生产基地应提供农业农村部正式确定的全国绿色食品原料标准化生产基地正式文件复印件、生产基地属于原料标准化基地的有关证明文件。

（7）预包装设计。预包装设计样张应规范标注申请人名称、联系方式、申报产品名称、绿色食品标志使用形式等内容，所标注信息应与申报材料一致。

申请产品名称、绿色食品标志使用形式居包装正面醒目位置。绿色食品标志使用形式应属《中国绿色食品商标标志设计使用规范手册》中的7种形式，绿色食品企业信息码编号形式为：GF××××××××××××。

（8）国家农产品质量安全追溯管理信息平台注册证明。登录国家农产品质量安全追溯管理信息平台，打印企业信息页面，具体注册流程请扫二维码。

（9）其他。中国绿色食品发展中心要求提供的其他文件，如申请人为非商标持有人，需附相关授权使用的证明材料。

3.申报范例

以××××家庭农场初次申请绿色食品申报材料为例，范例主要包括6个部分：申请书、调查表、质量控制规范、生产操作规程、基地位置与地块图、预包装标签设计。土地合同协议类文件以属地签署文件为准。

（1）《绿色食品标志使用申请书》填写范例。

绿色食品标志使用申请书

初次申请☑　　续展申请□　　增报申请□

申请人（盖章）　　××××家庭农场

申请日期　2019　年　6　月　2　日

中国绿色食品发展中心

填写说明

　　一、本申请书一式三份，中国绿色食品发展中心、省级工作机构和申请人各一份。

　　二、本表应如实填写，所有栏目不得空缺，未填部分应说明理由。

　　三、本申请书无签名、盖章无效。

　　四、申请书的内容可打印或用蓝、黑钢笔或签字笔填写，语言规范准确、印章（签名）端正清晰。

　　五、申请书可从中国绿色食品发展中心网站下载，用A4纸打印。

　　六、本申请书由中国绿色食品发展中心负责解释。

保证声明

　　我单位已仔细阅读《绿色食品标志管理办法》有关内容，充分了解绿色食品相关标准和技术规范等有关规定，自愿向中国绿色食品发展中心申请使用绿色食品标志。现郑重声明如下：

　　1.保证《绿色食品标志使用申请书》中填写的内容和提供的有关材料全部真实、准确，如有虚假成分，我单位愿承担法律责任。

　　2.保证申请前三年内无质量安全事故和不良诚信记录。

　　3.保证严格按《绿色食品标志管理办法》、绿色食品相关标准和技术规范等有关规定组织生产、加工和销售。

　　4.保证开放所有生产环节，接受中国绿色食品发展中心组织实施的现场检查和年度检查。

　　5.凡因产品质量问题给绿色食品事业造成的不良影响，愿接受中国绿色食品发展中心所作的决定，并承担经济和法律责任。

　　法定代表人（签字）：张三　　　申请人（盖章）　××××家庭农场

　　　　　　　　　　　　　　　　　　2019年6月2日

一 申请人基本情况

申请人（中文）	××××家庭农场				
申请人（英文）					
联系地址	台州市黄岩区××镇××村		邮编		
网址					
统一社会信用代码	（按营业执照填写）				
食品生产许可证号	（按食品生产许可证填写）				
商标注册证号	（按商标注册证填写）				
企业法定代表人	张三	座机	0576-8812××××	手机	1381234××××
联系人	李四	座机	0576-8812××××	手机	1384567××××
内检员	李四	座机	0576-8812××××	手机	1384567××××
传真		E-mail			
龙头企业	国家级□　省（市）级□　地市级☑				
年生产总值（万元）	750	年利润（万元）		300	
申请人简介	××××家庭农场注册成立于2015年，位于台州市黄岩区××镇××村。农场主要从事柑橘种植、销售，种植面积100亩，集办公、包装、仓储等一体的综合服务经营场所600平方米，年产量230吨。				

注：申请人为非商标持有人，需附相关授权使用的证明材料。

二 申请产品基本情况

产品名称	商标	产量（吨）	是否有包装	包装规格	绿色食品包装印刷数量	备注
黄岩蜜橘	无	230	有	5千克	5000个	

注：续展产品名称、商标变化等情况需在备注栏中说明。

三 申请产品销售情况

产品名称	年产值（万元）	年销售额（万元）	年出口量（吨）	年出口额（万美元）
黄岩蜜橘	750	700	0	0

填表人（签字）：李四   内检员（签字）：李四

注：内检员适用于已有中国绿色食品发展中心注册内检员的申请人。

（2）《种植产品调查表》填写范例。

种植产品调查表

申请人（盖章） ×××× 家庭农场

申请日期 2019 年 6 月 2 日

中国绿色食品发展中心

填表说明

一、本表适用于收获后，不添加任何配料和添加剂，只进行清洁、脱粒、干燥、分选等简单物理处理过程的产品（或原料）。如原粮、新鲜果蔬、饲料原料等。

二、本表一式三份，中国绿色食品发展中心、省级工作机构和申请人各一份。

三、本表应如实填写，所有栏目不得空缺，未填部分应说明理由。

四、本表无盖章、签字无效。

五、本表的内容可打印或用蓝、黑钢笔或签字笔填写，语言规范准确、印章（签名）端正清晰。

六、本表可从中国绿色食品发展中心网站下载，用A4纸打印。

七、本表由中国绿色食品发展中心负责解释。

一　种植产品基本情况

作物名称	种植面积（万亩）	年产量（吨）	基地类型	基地位置 （具体到村）
柑橘	0.01	230	A	台州市黄岩区××镇××村

注：基地类型填写自有基地（A）、公司＋合作社＋农户（B）、绿色食品原料标准化基地（C）。

二　产地环境基本情况

产地是否远离工矿区和公路铁路干线	是
产地周围5千米，主导风向的上风向20千米内是否有工矿污染源	否
绿色食品生产区和常规生产区域之间是否有缓冲带或物理屏障？请具体描述	有，绿色食品生产区与常规生产区之间有防护林、河道等间隔

注：相关标准见《绿色食品　产地环境质量》（NY/T 391）和《绿色食品　产地环境调查、监测与评价规范》（NY/T 1054）。

三　种子（种苗）处理

种子（种苗）来源	/
种子（种苗）是否经过包衣等处理？请具体描述处理方法	/
播种（育苗）时间	/

注：已进入收获期的多年生作物不填写本表（如果树、茶树等）。

四　栽培措施和土壤培肥

采用何种耕作模式（轮作、间作或套作）？请具体描述	套作紫云英
采用何种栽培类型（露地、保护地或其他）	露地
是否休耕	否

秸秆、农家肥等使用情况			
名称	来源	年用量（吨/亩）	无害化处理方法
秸秆			
绿肥	农场套作紫云英	7.5	自然降解
堆肥	当地养殖场羊粪	0.3	腐熟
沼肥			

注："秸秆、农家肥等使用情况"栏不限于表中所列品种，视具体使用情况填写。

五　有机肥使用情况

产品名称	肥料名称	年用量（吨/亩）	商品有机肥有效成分氮磷钾总量（%）	有机质含量（%）	来源	无害化处理
黄岩蜜橘	菜籽饼	0.5	≥4.5	≥85	外购	腐熟

注：该表应根据不同产品名称依次填写，包括商品有机肥和饼肥。

六　化学肥料使用情况

产品名称	肥料名称	有效成分（%）			施用方法	施用量（千克/亩）	当地同种作物习惯施用无机氮肥	
		氮	磷	钾			种类	用量[千克/(亩·年)]
黄岩蜜橘	三元复合肥	20	10	10	撒施	25	三元复合肥	50

注：1.相关标准见《绿色食品　肥料使用准则》（NY/T 394）。

　　2.该表应根据不同产品名称依次填写。

　　3.该表包括有机-无机复混肥使用情况。

七 病虫草害农业、物理和生物防治措施

当地常见病虫草害	常见病害：炭疽病、疮痂病、树脂病； 常见虫害：红蜘蛛、黑刺粉虱、介壳虫、卷叶蛾、虱、蚜虫、夜蛾
简述减少病虫草害发生的生态及农业措施	套作紫云英，增加土壤肥力；加强水分与施肥管理；夏秋抹稍，修剪病虫枝、枯枝等；草害采取中耕和地膜覆盖技术
采用何种物理防治措施？请具体描述防治方法和防治对象	采取人工捕杀；利用害虫趋化性，在橘园内挂设杀虫灯，捕杀和诱杀卷叶蛾、吸果蛾、夜蛾等害虫
采用何种生物防治措施？请具体描述防治方法和防治对象	/

注：若有间作或套作作物，请同时填写其病虫草害防治措施。

八 病虫草害防治农药使用情况

作物名称	农药通用名称	登记证号	防治对象	使用方法
柑橘	矿物油	PD20095615	介壳虫、红蜘蛛	喷雾
	吡虫啉	PD20040425	蚜虫	喷雾
	代森锰锌	PD20081030	炭疽病	喷雾
	石硫合剂	PD90105-2	清园	喷雾

注：1.相关标准见《农药合理使用准则》（GB/T 8321）、《绿色食品 农药使用准则》（NY/T 393）。

2.若有间作或套作作物，请同时填写其病虫草害农药使用情况。

3.该表应根据不同产品名称依次填写。

4.农药使用方法填写喷雾、沟施、熏蒸、土壤处理等。

九 灌溉情况

是否灌溉	是	灌溉水来源	山水
灌溉方式	喷滴灌	全年灌溉用水量（吨/亩）	30

十 收获后处理及初加工

收获时间	11月中旬至12月
收获后是否有清洁过程？请描述方法	无
收获后是否对产品进行挑选、分级？请描述方法	是，人工挑选
收获后是否有干燥过程？请描述方法	无
收获后是否采取保鲜措施？请描述方法	无
收获后是否需要进行其他预处理？请描述过程	无
使用何种包装材料？包装方式	瓦楞纸箱，箱装
仓储时采取何种措施防虫、防鼠、防潮	现摘
请说明如何防止绿色食品与非绿色食品混淆	全部是绿色食品

十一 废弃物处理及环境保护措施

农药瓶、袋使用后及时处理，化肥袋立即收回。易腐的废弃物及时清除。

填表人（签字）：李四　　　　　　内检员（签字）：李四

注：内检员适用于已有中国绿色食品发展中心注册内检员的申请人。

（3）《质量控制规范》编制范例。范例内容仅供参考，申请人应根据实际情况编写。

××××家庭农场
绿色食品质量控制规范（需盖章）

为确保农场绿色食品柑橘生产过程和产品质量符合绿色食品标准要求，同时保证每一生产环节操作管理的规范化，农场依据《绿色食品 产地环境质量》（NY/T 391）、《绿色食品 农药使用准则》（NY/T 393）、《绿色食品 肥料使用准则》（NT/T 394）、《绿色食品 包装通用准则》（NY/T 658）、《绿色食品 贮藏运输准则》（NY/T 1056）、《绿色食品 柑橘类水果》（NY/T 426）等标准及相关法律法规，并结合生产实际，编制了绿色食品质量控制规范。本规范于2019年6月2日正式实施。

一、组织结构

本农场由场长负总责，并同时负责基地管理；其他2位成员负责投入品、采摘与销售工作。

（一）具体职责

场长：全面负责绿色食品柑橘的生产和销售。

内检员：按照绿色食品标准和管理要求，协调、指导、检查和监督农场内部绿色食品原料采购、基地建设、投入品使用、产品检验、包装印刷等工作。

基地负责人：负责安排种子种苗的采购、种植基地的选择、农事活动的安排。

投入品负责人：负责投入品的采购和使用。

采摘负责人：负责组织绿色食品柑橘的采摘。

销售负责人：负责绿色食品柑橘的销售、记录和投诉意见处理等。

（二）人员分工

本农场人员按照各自所长进行分工。张三全面负责生产和销售，并对基地所有事务负总责；李四作为投入品负责人，并同时担任内检员；王五负责采摘与销售等。

二、投入品供应与管理

（一）投入品采购

应根据绿色食品要求及生产的需要，由投入品负责人在定点农资商店采购。采购的肥药应符合《绿色食品　农药使用准则》（NY/T 393）、《绿色食品　肥料使用准则》（NT/T 394）的要求，禁止采购质量不合格肥药和绿色食品禁用农药。

（二）投入品出入库

应对农药、肥料的数量、品种和"三证"核对入库，并根据农药、肥料的品种及规格，分类定点安全堆放，不得与其他农资混合存放，并定期检查仓储情况。做好出入库和回收处理的台账记录。

（三）农药使用

农药使用应严格遵守《绿色食品　农药使用准则》（NY/T 393）要求。根据病虫害发生情况，做到适期防治，对症下药。不同作用机理的农药应交替使用和合理使用，延缓有害生物产生抗药性。严格控制农药使用的安全间隔期。在生产过程中，应对农药使用的种类、剂量、次数、使用方法、操作人员等做好田间档案记录。

（四）肥料使用

应符合《绿色食品　肥料使用准则》（NY/T 394）的要求，推广使用优质有机肥料，并按照优化配方及施肥技术，科学合理施肥，适当减少化肥用量。使用的有机肥料要彻底发酵、腐熟，尤其是富含氮的肥料，在使用中不得对环境和作物产生不良影响，要控制无机氮肥用量。生产过程中，应对肥料使用的种类、次数、使用方法、操作人员等做好田间档案记录。

三、基地管理

基地投入品使用、田间操作、病虫害防治、采收运输等措施，严格按照《绿色食品　农药使用准则》（NY/T 393）、《绿色食品　肥料使用准则》（NY/T 394）以及农场制定的绿色食品生产技术规程组织生产。

病虫害防治应按照预防为主、综合防治的原则，优先采取人工除草、栽培管理、清洁田园等农业措施，尽量采用杀虫灯、人工捕杀、黄板等物理防治以及生物防治措施，必要时可科学合理地使用绿色食品许可的农药和植保物质。

加强田间档案管理，专人负责填写农事操作记录和投入品使用记录，确保生产记录的可追溯性，禁止伪造生产记录。

建立废弃物处理及环境保护措施。施肥、施药等田间操作应科学、合理、无污染。废弃物优先在基地内循环利用，农药包装、农膜等废弃物及时无害化处理，保持和优化基地生态系统，确保基地环境整洁、安全和可持续。

四、采收及质量验收

根据柑橘成熟程度制订采收计划，确保品质。产品采收工作人员必须身体健康，无传染性疾病；采收工具必须保持清洁。采收的柑橘应确保无病斑、虫斑、日灼果、烂果等现象。

加强产品质量自检。柑橘上市前15天，进行农药残留速测，防止不合格产品流入市场，实行不合格产品召回和销毁制度。

五、包装及贮运管理

包装及贮运过程应符合《绿色食品　包装通用准则》（NY/T 658）、《绿色食品　贮藏运输准则》（NY/T 1056）的要求。

包装材料使用无害的纸箱，同一批次应装入等级和成熟度一致的产品，不能及时出售的，按照等级不同立即入库，分开堆放在干净的塑料箱里，箱底垫防潮板，确保防潮、通风。柑橘贮藏保鲜，不得使用化学合成的食品添加剂。

运输工具装运舱应确保清洁、干燥、无异味，不得混放其他农资。

六、培训

基地人员应按要求积极参加上级部门举办的业务技能培训。

（4）《生产技术规程》编制范例。

××××家庭农场
绿色食品柑橘生产技术规程（需盖章）

一、范围

本规程规定了绿色食品柑橘生产所要求的产地环境、栽培技术、肥料使用、田间管理、病虫害防治、产品收获、包装贮运等。

二、规范性引用文件

NY/T 391《绿色食品　产地环境质量》

NY/T 393《绿色食品　农药使用准则》

NY/T 394《绿色食品　肥料使用准则》

NY/T 426《绿色食品　柑橘类水果》

NY/T 658《绿色食品　包装通用准则》

NY/T 1056《绿色食品　贮藏运输准则》

三、产地环境

生产基地应选择在无污染和生态条件良好的地区。基地选点应远离工矿区和公路、铁路干线，避开工业和城市污染源的影响。土壤应为质地良好、疏松肥沃的偏酸性土壤，有机质含量在1.5%以上。产地环境应符合NY/T 391的要求。

四、选种与栽培

（一）品种选择

选用优质、适应性强、商品性好的品种，如红美人。严禁使用转基因种子。

（二）定植密度

株间距为2.5米×3米，即80株/亩。

（三）土壤管理

深翻扩穴：一般在秋梢停长后实行，从树冠处围滴水线处开始，逐年向外扩穴40~50厘米，深翻40~60厘米，回填时混以绿肥、秸秆或饼肥等，表土放底肥，心土放上层，而后对穴灌足水分覆盖培土。高温或干旱季节，树盘先用稻草、秸秆等覆盖，与根茎保持10厘米左右距离。

（四）整形修剪

一般在2月下旬至3月上旬进行整形修剪。树形以自然开心形为宜，干高20~30厘米，选留中央干，配置主枝3~4个，主枝间距30~50厘米。各主枝上配置副主枝或侧枝3~4个，树高控制在2.5米以下，培养成树冠紧凑、枝梢开张、枝叶茂盛的树形。同时在不同生长期，进行疏删花枝、抹芽控梢、摘心、剪除徒长枝、疏删营养枝等辅助修剪。

（五）花果管理

控花　花量较多时以短截、回缩修剪为主；强枝适当多留花，弱枝少留或不留；有叶花多留，无叶花少留；抹除畸形花、病虫花等。

疏花疏果　多花年份，对树体衰弱的，在花蕾期剪去部分花枝或花蕾，以减少花量，减少营养损耗。定果后（7月中下旬）以（30~35）：1的叶果比分次疏果，先疏病虫果、畸形果，后疏朝天果、过小果。

五、肥料制作与使用

（一）施肥原则

所施用的肥料应充分满足柑橘对各种营养元素的需求，多施充分腐熟的有机肥，合理施用无机肥。提倡根据土壤和叶片的营养分析进行配方施肥和平衡施肥。

（二）施肥方法

施肥要点

基肥	追肥
秋季或初春每亩施500千克菜籽饼	6月下旬至7月上旬每亩施300千克羊粪，在不同生长期撒施复合肥促进开花、新梢生长

9月上旬撒播绿肥紫云英，来年让其自然死亡、腐烂还田，增加土壤有机质。

六、病虫害防治

防治原则　预防为主，综合防治。优先使用农业防治、物理防治、生物防治，科学合理配合使用化学防治方法。

主要病虫害　介壳虫、红蜘蛛、蚜虫等。

农业防治　选用抗病优良品种，加强栽培管理，做好夏秋抹梢，修剪病虫枝、枯枝、过密枝，去除病虫果、畸形果，降低病虫害发生。草害采取中耕和地膜覆盖技术。加强田间水分管理，做到"春湿、夏排、秋灌、冬控"。

物理防治　通过橘园内挂设杀虫灯等防治措施捕杀和诱杀卷叶蛾、吸果蛾、夜蛾等害虫。

生物防治　利用生物天敌防治病虫害。

化学防治　严格按照 **NY/T 393** 的规定，选择对天敌杀伤力小的中低毒性化学农药，具体使用可参考下表。

绿色食品柑橘病虫害化学防治参考方案

农药名称	剂型规格	防治对象	使用方法	每次用量	安全间隔期（天）
矿物油	99%乳油	介壳虫、红蜘蛛	喷雾	400倍液	/
吡虫啉	10%可湿性粉剂	蚜虫	喷雾	4000倍液	14
代森锰锌	80%可湿性粉剂	炭疽病	喷雾	600倍液	15
石硫合剂	45%结晶	清园	喷雾	400倍液	10

七、产品收获

柑橘着色八成以上开始采摘，选黄留青，由外到内、由下而上依次进行，分批采收。采果时不可攀枝拉果，不便时可用两剪法，把果蒂剪平；伤果、落地果、粘花果、病虫果，必须另外放置，枯枝杂物不宜混在果中;果实不应随地堆放,不可日晒雨淋。

八、包装与贮运

果品装箱应排列整齐,内衬垫箱纸应清洁,质地细致柔软。果箱用瓦楞纸箱,结构应牢固适用,材料须良好、干燥,无霉变、虫蛀、污染。每箱净重不超过10千克。

运输工具清洁、卫生、无污染,装运时做到轻装、轻卸。运输过程中注意防雨淋、防晒,及时通风,严禁与有毒有害物质混装。

九、生产废弃物处理

生产中所使用的化肥、农药包装袋、农膜等进行集中回收,无害化处理。

十、生产记录档案

建立绿色食品柑橘生产记录档案,并保存2年以上。记录中应详细记录整地施肥、栽培过程、病虫害防治等情况。

(5)基地位置图、地块分布图、预包装设计图,申请人根据实际情况绘制与设计。基地位置图、地块图、预包装设计图范例请扫描以下二维码下载参考。

（二）加工产品

1. 申请材料清单

（1）《绿色食品标志使用申请书》和《加工产品调查表》。

（2）定点屠宰许可证、采矿许可证、食盐定点生产许可证、采水许可证，其他法律法规要求办理的资质证书复印件（适用时）。

（3）工厂所在地行政区域图（标明加工厂周边1千米范围内土地利用情况）。

（4）加工厂区平面图、设备布局图。

（5）质量管理规范。

（6）生产加工管理规程。

（7）配料来源和证明。

（8）预包装食品标签设计样张（仅预包装食品提供）。

（9）加工用水检验报告（必要时）。

（10）产品检验报告。

（11）中国绿色食品发展中心要求提供的其他相关文件。

（12）国家农产品质量安全追溯管理信息平台注册证明。

2. 材料详解

（1）《绿色食品标志使用申请书》：参考"种植产品"。

（2）《加工产品调查表》：主要包括8个表格，涉及产品加工过程各个环节，具体注意事项如下。

加工产品调查表

申请人（盖章）＿＿＿＿＿＿＿＿＿

申请日期＿＿＿＿年＿＿＿＿月＿＿＿＿日

中国绿色食品发展中心

注：填法同"种植产品"。

一　加工产品基本情况

产品名称[a]	商标[b]	产量(吨)[c]	有无包装[d]	包装规格[e]	备注

注：续展产品名称、商标变化等情况需在备注栏说明。

二　加工厂环境基本情况

加工厂地址[f]	
加工厂是否远离工矿区和公路铁路干线	
加工厂周围5千米，主导风向的上风向20千米内是否有工矿企业、医院、垃圾处理场等	
绿色食品生产区和生活区域是否具备有效的隔离措施？请具体描述	

注：相关标准见《绿色食品　产地环境质量》(NY/T 391)。

【注意事项】

a.申请材料中"产品名称"应保持一致，并与产品检测报告中产品名称相同。

b."商标"应与商标注册证一致。如有图形、英文或拼音等，应按"文字＋拼音＋图形"或"文字＋英文"等形式填写；如一个产品同一包装标签中使用多个商标，商标之间应用顿号隔开。

c."产量"填写该产品各种物理包装规格年产总和。

d.如有包装，则提供产品包装标签复印件。

e."包装规格"填写同一产品不同包装重量的规格，如5克、10克等。

f.如有多个加工厂，应分别填写。

三 产品加工情况

工艺流程及工艺条件[a]	
各产品加工工艺流程图(应体现所有加工环节,包括所用原料、食品添加剂、加工助剂等),并描述各步骤所需生产条件(温度、湿度、反应时间等):	
是否建立生产加工记录管理程序	
是否建立批次号追溯体系[b]	
是否存在平行生产?具体原料运输、加工及储藏各环节中进行隔离与管理,避免交叉污染的措施[c]	

【注意事项】

a.不同产品的工艺流程和工艺条件应分别填写。工艺流程要涵盖所有加工关键环节,并描述具体投入品和加工参数。

b.应建立批号追溯和管理体系,做到生产过程可追溯。

c.平行生产是指在同类产品生产过程中既有申报绿色食品标志的产品,又有未申报绿色食品标志的常规产品。应建立绿色食品区别管理制度,即在生产、储运等方面的具体物理隔离或过程隔离安排。

四　加工产品配料情况

产品名称		年产量（吨）		出成率（％）[a]	
主辅料使用情况表[b]					
名称	比例（％）	年用量（吨）		来源	
食品添加剂使用情况[c]					
名称	比例（‰）	年用量（吨）	用途		来源
加工助剂使用情况					
名称	有效成分	年用量（吨）	用途		来源
是否使用加工水？请说明其来源、年用量（吨）、作用，并说明是否使用净水设备[d]					
主辅料是否有预处理过程？如是，请提供预处理工艺流程、方法、使用物质名称和预处理场所					

注：1. 相关标准见《绿色食品　食品添加剂使用准则》（NY/T 392）。
　　2. 主辅料"比例（％）"应扣除加入的水后计算。

【注意事项】

a. 出成率＝产品年产量／主辅料年用量×100%。

b. 主辅料使用情况应填写加工过程中所有投入原料的具体名称、年用量及生产单位或基地名称。主辅料总比例应为100%，同一原料不得同时来自绿色食品和常规产品。

c. 食品添加剂（含加工助剂）使用情况中名称应填写通用名，并明确用途，不得以功能类别名代替，如防腐剂、澄清剂。

d. 加工水指参与到最终产品中或直接与生产原料接触的水，不包括设备清洗消毒用水。明确具体来源（如管网水、井水等）、年用量、用途及预处理情况（如经过净化、去离子化等）。

五　平行加工

是否存在平行生产？如是，请列出常规产品的名称、执行标准和生产规模[a]	
常规产品及非绿色食品产品在申请人生产总量中所占的比例	
请详细说明常规及非绿色食品产品在工艺流程上与绿色食品产品的区别	
在原料运输、加工及储藏各环节中进行隔离与管理，避免交叉污染的措施	□从空间上隔离（不同的加工设备） □从时间上隔离（相同的加工设备） □其他措施，请具体描述：

六　包装、储藏和运输

包装材料（来源、材质）、包装充填剂	
包装使用情况	□可重复使用 □可回收利用 □可降解
库房是否远离粉尘、污水等污染源和生活区等潜在污染源	
库房是否能满足需要及类型（常温、冷藏或气调等）	
申报产品是否与常规产品同库储藏？如是，请简述区分方法	
申请人运输情况（工具、措施等）	

注：相关标准见《绿色食品　包装通用准则》（NY/T 658）和《绿色食品　贮藏运输准则》（NY/T 1056）。

【注意事项】

　　a.平行生产是指在同类产品生产过程中既有申报绿色食品标志的产品，又有未申报绿色食品标志的常规产品，应明确同时生产的常规产品名称、执行标准和年产量等。

七　设备清洗、维护及有害生物防治

加工车间、设备所需使用的清洗、消毒方法及物质[a]	
包装车间、设备的清洁、消毒、杀菌方式方法	
库房中消毒、杀菌、防虫、防鼠的措施，所用设备及药品的名称、使用方法、用量	

八　污水、废弃物处理情况及环境保护措施

加工过程中产生污水的处理方式、排放措施和渠道	
加工过程中产生废弃物的处理措施	
其他环境保护措施	

填表人（签字）：　　　　　　　　　　内检员（签字）：
注：内检员适用于已有中国绿色食品发展中心注册内检员的申请人。

【注意事项】
　　a.车间、库房清洗、消毒和防虫防鼠过程中涉及消毒剂、药剂使用的，应明确填写其通用名称（括号备注商品名称）、批准号或登记证号、用法与用量等。

（3）有关资质证书。提供与产品相关的定点屠宰许可证、采矿许可证、食盐定点生产许可证、采水许可证、食品生产许可证（SC）等其他法律法规要求办理的资质证书复印件。如为委托加工，需提供被委托加工厂的营业执照、SC证书及明细表。

疑问解答

　　某合作社种植100亩茶树，将自己种植的茶青委托某具有食品生产加工小作坊生产许可的企业加工，是否符合条件？
　　不可以。实行委托加工的种植业申请人，应有固定原料生产基地，且被委托方须具备食品生产许可资质，不包括食品生产加工小作坊生产许可。

（4）行政区域图、加工厂区平面图、设备布局图。

A.行政区域图。标明加工厂周边1千米范围内土地利用情况。

B.加工厂区平面图与设备布局图。可手绘，标明加工厂区整体生产布局，可根据工艺流程所属车间进行绘制。

（5）质量控制规范。加工产品组织机构一般为公司（企业），要更加注重建立内部检查、检测制度与质量追溯管理制度，应重点包括五个部分。

A.组织机构设置。实行总经理负责制，内部分设生产部、质控部、供销部、财务部等部门。

总经理：负责企业全面管理和重大决策。

生产部：编制生产计划，明确人员分工，完成生产任务；建立绿色食品全过程生产记录，负责生产中的技术和质量保障等工作。

质控部：编制企业质量管理体系文件，建立质量追溯管理制度，负责产品的质量检验工作，例如残次品处置、产品质量检测、质量事故报告和处理等。

供销部：负责企业生产原材料和设备、配件采购，产品销售及售后服务工作。

财务部：负责企业资金账目管理，人员工资发放等。

内检员：宣传、贯彻绿色食品技术标准及制度规范，落实绿色食品全程质量控制措施，指导建立绿色食品生产、加工、运输和销售记录档案等。

B.投入品供应及管理。包括生产资料等采购、使用、仓储、领用制度。

C.生产过程管理。包括工艺流程各关键环节技术和质量管理等。

D.内部检查及检测。包括质量安全检查制度、残次品处置制度、产品质量检测制度、质量事故报告和处理制度等。

E.质量追溯管理。按照"生产有记录、流向可追踪、信息可查询、质量可追溯"的要求，建立质量追溯管理制度和绿色食品全过程生产记录。

（6）生产加工管理规程。应重点包括加工厂卫生管理与有害生物控制规程，加工生产过程、技术参数、批次号的管理规程；污水、废弃物的处理规程；防止绿色食品与非绿色食品交叉污染的规程（存在平行生产的企业须提交）；产品的包装、储藏、运输环节规程，运输工具、机械设备及仓储设施的维护、清洁规程。

（7）配料来源和证明。

A.来源于绿色食品原料标准化生产基地的，需提供与基地内生产经营主体签订的3年以上有效期的委托生产、购销合同或协议，提供购买证明（基地办提供证明）。

B.来源于绿色食品产品或其副产品的，需提供3年以上有效期的购销合同或协议及购买证明。

C.来源于非绿色食品产品、比例在2%～10%的，需提供3年以上有效期的购销合同和发票复印件，绿色食品定点检测机构或省部级以上检测机构出具的检测报告；原料比例小于2%（食盐小于5%）的需提供固定来源的证明文件，均不得含有绿色食品禁用成分。

3.申报范例

以××××茶叶有限公司初次申请绿色食品申报材料为例，具体内容请扫描下方二维码下载参考。

（三）食用菌

1.申请材料清单

（1）《绿色食品标志使用申请书》和《食用菌调查表》。

（2）质量控制规范。

（3）栽培规程。

（4）栽培车间分布图（工厂化生产）。

（5）基地位置图和地块分布图。

（6）基地来源及相关权属证明。

（7）预包装食品标签设计样张（预包装食品提供）。

（8）非转基因证明材料（必要时），如使用豆粕、菜籽粕等做基质。

（9）环境质量检测报告。

（10）产品检验报告。

（11）中国绿色食品发展中心要求提供的相关文件。

（12）国家农产品质量安全追溯管理信息平台注册证明。

2.材料详解

（1）《绿色食品标志使用申请书》。具体参考"种植产品"。

（2）《食用菌调查表》。主要包含10张表格，涉及产地环境、基质组成、土壤栽培、菌种处理、污染控制管理病虫害防治、用水情况、采后处理、初加工、废弃物处理及环境保护措施等情况，具体注意事项如下。

食用菌调查表

申请人（盖章）＿＿＿＿＿＿＿＿＿＿

申请日期＿＿＿＿年＿＿＿＿月＿＿＿＿日

中国绿色食品发展中心

注：填法同"种植产品"。

一　申请产品情况

产品名称[a]	栽培规模[b] （万袋/亩，万瓶/亩）	鲜品/干品[c] 年产量（吨）	基地位置[d]

二　产地环境基本情况

产地是否位于生态环境良好、无污染地区	
产地是否远离工矿区和公路铁路干线	
产地周围5千米，主导风向的上风向20千米内是否有工矿污染源	
绿色食品生产区和常规生产区域之间是否有缓冲带或物理屏障？请具体描述	
请描述产地及周边的动植物生长、布局等情况	

注：相关标准见《绿色食品　产地环境质量》（NY/T 391）和《绿色食品　产地环境调查、监测与评价规范》（NY/T 1054）。

【注意事项】

a.填写申报产品名称，并与产品检测报告中产品名称一致。

b."土栽"的填写亩数，"基质"的填写袋数或瓶数。

c.如产品是鲜品，填写实际收获产量；如产品是干品，填写加工后产量。

d.基地位置填写到"具体村"。

三 基质组成／土壤栽培情况

产品名称	成分名称ª	比例（％）ª	年用量（吨）ª	来源

注：1.比例指某种食用菌基质中每种成分占基质总量的百分比。
　　2.该表可根据不同食用菌依次填写。

四 菌种处理

菌种（母种）来源ᵇ		接种时间	
菌种自繁还是外购？是否经过处理？若处理，请具体描述处理方法ᶜ			

五 污染控制管理

基质如何消毒ᵈ	
菇房如何消毒ᵉ	
请描述其他潜在污染源（如农药化肥、空气污染等）	

【注意事项】

　　a.填写基质组成成分、比例及来源，如玉米芯、大豆皮、麸皮等。

　　b."菌种来源"包括自繁、外购等，外购应写明生产商。

　　c.如经过处理，应填写具体措施。

　　d.填写消毒方法，如蒸汽消毒，应说明温度、灭菌时长等。

　　e.填写消毒方法，如臭氧消毒、蒸汽消毒、生石灰等，应说明灭菌时长、用量等。

六　病虫害防治措施

常见病虫害	
采用何种物理、生物防治措施？请具体描述	

农药防治				
产品名称	农药名称[a]	登记证号[b]	防治对象	使用方法

注：1.相关标准见《绿色食品　农药使用准则》（NY/T 393）。

　　　2.该表应按食用菌品种分别填写。

七　用水情况

基质用水来源[c]		基质用水量（千克/吨）	
栽培用水来源[c]		栽培用水量（吨/亩）	

【注意事项】

　　a.填写农药包装标签中农药通用名称，并备注商品名。

　　b.填写农药包装标签中农药登记证号，并应与中国农药信息网上查询结果一致。

　　c.基质用水或栽培用水应明确来源，如管网水、井水等。

八　采后处理

采收时间[a]	
产品收获时存放的容器或工具？材质？请详细描述[b]	
收获后是否有清洁过程？如是，请描述清洁方法[c]	
收获后是否对产品进行挑选、分级？如是，请描述方法[c]	
收获后是否有干燥过程？如是，请描述干燥方法[c]	
收获后是否采取保鲜措施？如是，请描述保鲜方法[c]	
收获后是否需要进行其他预处理？如是，请描述其过程[c]	
使用何种包装材料？包装方式？包装规格？是否符合食品级要求[d]	
产品收获后如何运输	

【注意事项】

　　a."采收时间"具体到月份；有多批次采收的，应按批次填写收获时间。

　　b.应描述收获时存放的容器及其材质，如塑料框、毛竹篮等。

　　c.简要描述收获后清洁、挑选、分级、干燥、保鲜等预处理方法，如清洁剂、保鲜剂、器具等使用情况。

　　d.应描述具体包装材质及规格，包装方式有袋装、瓶装等。

九　食用菌初加工

请描述初加工的工艺流程和条件[a]:

产品名称	原料名称[b]	原料量(吨)[b]	出成率(%)[b]	成品量(吨)[b]

十　废弃物处理及环境保护措施[c]

填表人(签字):　　　　　　　　　内检员(签字):

注:内检员适用于已有中国绿色食品发展中心注册内检员的申请人。

【注意事项】

a.初加工流程图应涵盖各关键环节,并描述具体投入品使用和加工参数要求。

b.填写加工具体原料、使用量、成品量与出成率。出成率=成品量/原料量×100%。

c.简要说明栽培过程中投入品、包装袋等,以及采收后、收获后处理和初加工产生的废弃物处理方法。

（3）质量控制规范。参考"种植产品"和"加工产品"。

（4）栽培规程。参考"种植产品"和"加工产品"。重点包括菌种来源、培育、培养基制作，病虫害控制等栽培管理措施，收获、采后处理等。

疑问解答

　　某菌菇企业采用基质栽培金针菇60万袋，是否需要做环境质量检测？

　　需要。食用菌产品环境质量检测，主要包括土壤、基质、灌溉水、加工水等。

2.申报范例

以浙江××菌业有限公司初次申请绿色食品申报材料为例，具体内容请扫描下方二维码下载参考。

（四）畜禽产品

1. 申请材料清单

（1）《绿色食品标志使用申请书》和《畜禽产品调查表》。

（2）屠宰许可证（涉及屠宰的申请人需提供）、防疫许可证、销售许可证等资质性证明文件。

（3）质量控制规范。

（4）养殖基地位置图、养殖场所布局平面图。

（5）畜禽委托养殖证明（适用时）。

（6）饲料购买证明（适用时）。

（7）养殖规程。

（8）预包装食品标签设计样张（预包装食品提供）。

（9）环境质量检测报告。

（10）产品检验报告。

（11）饲料添加剂标签、预混合饲料成分标签、兽药标签。

（12）中国绿色食品发展中心要求提供的相关文件。

（13）国家农产品质量安全追溯管理信息平台注册证明。

2. 材料详解

（1）《绿色食品标志使用申请书》：参照"种植产品"。

（2）《畜禽产品调查表》：主要包括10个表格，涉及养殖场基本情况、基础设施、管理设施、投入品使用、疫苗使用以及采后处理等各个环节，具体注意事项如下。

畜禽产品调查表

申请人（盖章）＿＿＿＿＿＿＿＿＿＿＿＿

申请日期＿＿＿＿年＿＿＿＿月＿＿＿＿日

中国绿色食品发展中心

注：填法同"种植产品"。

一 养殖场基本情况

畜禽名称[a]		养殖面积	放牧场所(万亩)	
			栏舍(米^2)	
基地位置[b]				
养殖场基本情况				
养殖场是否在无规定疫病区域				
养殖场是否距离交通要道、城镇、居民区、医院和公共场所2千米以上				
养殖场是否距离垃圾处理场和风景旅游区5千米以上				
天然牧场周边是否有矿区				
请简要描述养殖场周边情况[c]				

注：相关标准见《绿色食品 畜禽卫生防疫准则》(NY/T 473)。

【注意事项】

a."畜禽名称"填写畜禽产品或产品原料畜禽名称，如生猪、鸡、鸭等。

b."基地位置"填写申报产品的所有养殖场位置，具体到村。

c.描述养殖场位置及周边环境。

二 养殖场基础设施

养殖场是否有相应的防疫设施设备，请具体说明[a]	
养殖场房舍照明、隔离、加热和通风等自动化设施是否齐备且符合要求？请具体说明[b]	
是否有粪尿沟及粪污处理设施设备	
是否有畜禽活动场所和遮阴设施	
请说明养殖用水来源[c]	

三 养殖场管理措施

养殖场内净道和污道是否分开？生产区和生活区是否严格分开	
养殖场是否定期消毒？请描述使用消毒剂的名称、用量、使用方法和时间	
是否建立了规范、完整的养殖档案[d]	
是否存在平行生产？如何有效隔离[e]	

【注意事项】

a. 说明是否具备相应的防疫设施设备，如消毒池、紫外线灯、冷冻设备、喷雾器、无害化处理设备、污水污物处理设备、隔离舍等。

b. 对养殖场的房舍照明、隔离、加热和通风等设备配置情况进行说明。

c. 具体说明畜禽饮用水和畜舍、畜体及设施的清洗、消毒用水来源。

d. 填写养殖档案建立情况，包括记录内容、保存年限等。

e. 平行生产指养殖场除养殖绿色食品畜禽产品外，还养殖其他常规产品。如存在，填"是"，并填写有效隔离措施；如养殖场全部申请绿色食品许可，则填"否"。

四 畜禽饲料及饲料添加剂使用情况

畜禽名称					养殖规模ª					
品种名称					幼畜（禽雏）来源					
年出栏量及产量					养殖周期ᵇ					
生长阶段									年用量（吨）	来源
饲料及饲料添加剂ᶜ	用量（吨）ᵈ	比例（%）ᵉ	用量（吨）	比例（%）	用量（吨）	比例（%）	用量（吨）	比例（%）		
外购的商品混合饲料（如配合饲料、浓缩料、精补料、核心料、预混合饲料等）										
本场自行添加的饲料原料（如牧草、青干草、鲜草、青贮饲料等粗饲料，及玉米、麸皮、棉籽等大宗精料原料）										
本场自行添加的饲料添加剂										

注：1.使用酶制剂、微生物、多糖、寡糖、抗氧化剂、防腐剂、防霉剂、酸度调节剂、黏合剂、抗结块剂、稳定剂或乳化剂应填写添加剂具体通用名称。
2.填写每一类饲料或饲料添加剂，表格不足可自行添加。

注：1.相关标准见《绿色食品 饲料及饲料添加剂使用准则》（NY/T 471）。
　　2.养殖周期及生长阶段应包括从幼畜（禽雏）到出栏。

【注意事项】

a."养殖规模"指申报畜禽的存栏（或出栏）量。

b.提供肉类产品的畜禽填写从幼畜（禽雏）进场开始养殖到出栏所需要的时间；蛋禽、奶牛等填写从进场到淘汰的时间。

c."饲料及饲料添加剂"按照外购商品混合饲料、自行添加的饲料原料和自行添加的饲料添加剂分别填写。

d."用量"填写该生长阶段的用量。

e."比例"指该生长阶段该种饲料或饲料添加剂占所用的所有饲料或饲料添加剂总和的比例。

五 发酵饲料加工（含青贮、黄贮、发酵的各类饲料）

原料名称	年用量（吨）	添加剂名称[a]	贮存及防霉处理方法[b]

【注意事项】

　　a."添加剂名称"填写通用名称。

　　b.填写贮存及防霉处理方法，如采用专用仓库贮存、裹包青贮、窖贮等。

六 饲料加工和存贮

工艺流程及工艺条件[a]	
是否建立批次号追溯体系[b]	
饲料存贮过程采取何种措施防潮、防鼠、防虫[c]	
请说明如何防止绿色食品与非绿色食品饲料混淆[d]	

【注意事项】

　　a.填写自制加工饲料的加工工艺流程及所需要的工艺条件。

　　b.填写自制加工饲料是否建立了批次号追溯体系，如当天生产当天饲喂的，可以不建立批次追溯体系。

　　c.填写饲料存贮过程中采取的防潮、防鼠、防虫措施，如用垫板隔离堆放、门口设置挡鼠板、放置捕鼠夹、窗户有纱窗等。

　　d.填写防混措施，如无平行生产，则填"无平行生产，全部为绿色食品饲料"。

七　畜禽疫苗和药物使用情况

畜禽名称				
疫苗使用情况				
疫苗名称[a]	疫苗类型		批准文号	
兽药使用情况				
兽药名称[b]	批准文号	用途	使用时间	停药期

注：1.相关标准见《绿色食品　兽药使用准则》（NY/T 472）。
　　2.疫苗类型栏填写灭活疫苗、减毒疫苗、基因工程疫苗等。

八　畜禽、生鲜乳收集

待宰畜禽如何运输？请说明[c]	
生鲜乳如何收集？收集器具如何清洗消毒？生鲜乳如何储存、运输[d]	
请就上述内容，描述绿色食品与非绿色食品的区分管理措施	

【注意事项】
　　a.填写疫苗通用名称。
　　b.填写兽药通用名称。
　　c.生鲜乳产品，填写"不涉及"。
　　d.非生鲜乳产品，填写"不涉及"。

九　禽蛋收集、包装、储藏和运输

禽蛋如何收集、清洗	
如何包装	
包装车间、设备的清洁、消毒、杀菌方式方法	
包装材料（来源、材质）及使用情况	□可重复使用　□可回收利用　□可降解
包装过程中车间、设备所需使用的清洗、消毒方法及物质	
库房是否能满足需要及类型（常温、冷藏或气调等）	
申报产品是否与常规产品同库储藏？如是，请简述区分方法	
运输情况（工具、措施等）	
请就上述内容，描述绿色食品与非绿色食品的区分管理措施	

注：1.相关标准见《绿色食品　包装通用准则》（NY/T 658）和《绿色食品　贮藏运输准则》（NY/T 1056）。
　　2.非禽蛋产品本表不涉及，所有空格填写"/"。

十　资源综合利用和废弃物处理

养殖场是否具备有效的粪便和污水处理系统？是否实现了粪污资源化利用[a]	
养殖场对病死畜禽如何处理？请具体描述	

填表人（签字）：　　　　　　　　　　　　内检员（签字）：
注：内检员适用于已有中国绿色食品发展中心注册内检员的申请人。

【注意事项】
　　a.描述粪污具体处理方法，说明循环利用情况。

（3）资质证明文件。提供防疫许可证，涉及屠宰的需提供屠宰许可证。所有资质证明材料应在有效期内，证书持有人为绿色食品申请人或授权绿色食品申请人许可使用（商标）。

（4）质量控制规范。质量控制规范包括组织机构设置、人员分工管理、投入品管理、引种、繁殖、饲养、疾病防治、畜禽屠宰、生鲜乳收集、禽蛋收集等管理、仓储运输管理等。

（5）养殖基地位置图。

绘制范围：基地及周边5千米区域，反映基地分布、基地位置（具体到乡镇村）。

标识：基地及周边重要的河流、山川、道路、设施、污染源等。

（6）养殖场所布局平面图（天然放牧的，应提供草场使用证明）。可手绘，反映实际生产布局和周边情况，清晰标识地形、地势、水源、交通、生活区、管理区、生产区、粪便污水处理区和病畜隔离区等重要环境和区域。

（7）畜禽委托养殖证明（适用时）。畜禽如委托养殖，则申请人需要提供与受托养殖单位签订的有效期3年以上的绿色食品畜禽委托生产合同或协议，并附包含养殖户名称、地点、养殖规模在内的养殖户清单。

（8）养殖规程。应主要包括养殖环境、畜种选育或采购、放养、投入品控制、养殖过程控制、畜禽屠宰、禽蛋收集或生鲜乳收集控制、包装、储藏和运输控制等内容。

（9）饲料购买证明（适用时）。养殖场如使用外购饲料，所采购的饲料应符合《绿色食品 饲料及饲料添加剂使用准则》（NY/T 471）的规定，并提供有效期3年以上的购买合同或协议。

（10）饲料添加剂标签、预混合饲料成分标签、兽药标签内容应当清晰可见。

疑问解答

> 某企业鸡肉产品申请绿色食品，饲养中除外购饲料外，还添加自有基地玉米、麦麸（无加工）作为饲料，是否符合条件？
>
> 视具体情况。外购饲料应符合《绿色食品　饲料及饲料添加剂使用准则》（NY/T 471）的规定，并提供有效期3年以上的购买合同或协议。自有基地种植玉米、麦麸需符合绿色食品生产要求，并按种植产品申报要求提供材料。

3.申报范例

以××养殖场初次申请绿色食品鲜蛋的申报材料为例，具体内容请扫描下方二维码下载参考。

（五）水产品

1.申请材料清单

（1）《绿色食品标志使用申请书》及《水产品调查表》。

（2）质量控制规范。

（3）养殖基地来源及证明材料。

（4）养殖区域分布图（养殖区域所处位置图），养殖区域图（养殖区域形状、大小、边界、养殖品种及周边临近区域利用情况等）。

（5）水产养殖相关许可证（适用时）。

（6）苗种购买合同及证明。

（7）饲料（饵料）来源及证明。

（8）养殖、捕捞、运输规程。

（9）产品加工、储藏规程（初级加工产品适用）。

（10）预包装食品标签设计样张（预包装食品提供）。

（11）渔业用水检测报告、底泥检测报告（远洋捕捞的不必提供）、加工用水检测报告（涉及加工水的提供）。

（12）产品检验报告。

（13）中国绿色食品发展中心要求提供的其他相关文件。

（14）国家农产品质量安全追溯管理信息平台注册证明。

2.材料详解

（1）《绿色食品标志使用申请书》：参考"种植产品"。

（2）《水产品调查表》：主要包括11个表格，涉及养殖场基本情况、产地环境、苗种、饵料使用、饲料加工及存贮、藻类等养殖肥料使用、疫病防治等各个环节，具体注意事项如下。

水产品调查表

申请人（盖章）_____

申请日期_____年_____月_____日

中国绿色食品发展中心

注：填法同"种植产品"。

一 水产品基本情况

产品名称	品种	面积（万亩）	养殖周期[a]	捕捞时间	养殖方式	基地位置	捕捞区域水深（米）（深海捕捞）[b]

注：养殖方式可填写湖泊/水库/近海放养、网箱养殖、网围养殖、池塘/蓄水池、工厂化养殖或其他养殖方式。

【注意事项】

a."养殖周期"填写放苗到捕捞所需要时间。

b."深海捕捞"需填写捕捞区域水深，其他方式不需填写。

二　产地环境基本情况

产地是否位于生态环境良好、无污染地区	
产地周围5千米，主导风向的上风向20千米内是否有工矿污染源[a]	
流入养殖/捕捞区的地表径流是否含有工业、农业和生活污染物[a]	
绿色食品生产区和常规生产区域之间是否设置物理屏障[b]	
绿色食品生产区和常规生产区的进水和排水系统是否单独设立[c]	
养殖废水的排放情况？生产是否对环境或周边其他生物产生污染[d]	

注：相关标准见《绿色食品　产地环境质量》（NY/T 391）和《绿色食品　产地环境调查、监测与评价规范》（NY/T 1054）。

【注意事项】

a.可从环保部门或乡镇了解具体情况。

b.填写绿色食品生产区域和常规生产区域之间物理屏障的设置情况，如不同池塘、水库等。

c.按照实际情况描写进水和排水系统的设置情况。

d.描写养殖废水的排放方式或处理措施，并评估对环境和周边其他生物是否产生污染。

三　苗种情况

苗种来源[a]			外购□　　自育□		
外购	品种名称	外购来源	投放时间	亩投放量	投放前暂养场所消毒方法
自育	品种名称	培育天数	投放规格	消毒方法	育苗场所消毒方法 / 其他处理方式

【注意事项】

a.根据苗种实际来源情况选勾"外购"或"自育",并在对应"外购"或"自育"栏填写相关信息。如苗种外购和自育均有,则均应选择和填写。

四 饵料使用情况

产品名称^a			品种名称^b							

饲料来源	天然饵料	人工饲料								
		外购商品饲料				自制饲料				
生长阶段^c	品种及生长情况	饲料名称	主要成分	年用量（吨/亩）	来源	原料名称	比例	年用量（吨/亩）	来源	

注：1.相关标准见《绿色食品　饲料及饲料添加剂使用准则》（NY/T 471）。
　　2.生长阶段应包括从苗种到捕捞前以及暂养期各阶段饵料使用情况。

【注意事项】
　a.填写申报产品名称。
　b.填写该申报产品的品种名称。
　c.根据不同生长阶段填写饵料使用情况。

五 饲料加工及存贮情况

饲料是否需要加工？请描述加工过程及出成率[a]	
饲料加工过程中，使用何种酶制剂、微生物、多糖、寡糖、抗氧化剂、防腐剂、防霉剂、酸度调节剂、黏合剂、抗结块剂、稳定剂或乳化剂？请具体描述[b]	
饲料存贮过程采取何种措施防潮、防鼠、防虫[c]	
请说明如何防止绿色食品与非绿色食品饲料混淆[d]	

注：相关标准见《绿色食品 饲料及饲料添加剂使用准则》（NY/T 471）。

【注意事项】

a.饲料如需要加工，则填写"是"，并描述加工过程及出成率；如不需要加工，则填写"否"。

b.描述加工过程中添加剂等的使用情况，说明通用名称。

c.填写饲料存贮过程中采取的防潮、防鼠、防虫措施，如放置防潮垫、捕鼠夹，仓库门口设置挡鼠板，安装紫外线杀虫灯等。

d.填写绿色食品饲料与非绿色食品饲料防混措施，如分区放置、醒目标识等。

六　藻类等养殖肥料使用情况[a]

肥料使用情况				
肥料名称	使用时间	用量	使用方式	来源

七　疾病防治情况

产品名称	药物/疫苗名称[b]	防治对象	使用方法	停药期

注：1.相关标准见《绿色食品　渔药使用准则》(NY/T 755)。

　　2.该表可根据不同水产名称依次填写。

【注意事项】

　　a.藻类、自育苗种前期涉及培肥处理的，填写"肥料使用情况"，否则填写"不涉及"。

　　b."药物、疫苗"填写通用名称。

八 水质改良情况

药物名称	用途	用量	使用方法	使用时间	来源

注：相关标准见《绿色食品 渔药使用准则》(NY/T 755)。

九 捕捞和运输

捕捞品种及规格	
捕捞时间[a]	
采用何种捕捞方式和工具	
预计收获量[b]	
运输方式？运输工具	
活体运输过程中如何保证存活率[c]	

【注意事项】
　　a.填写捕捞具体时间，具体到日期。
　　b."预计收获量"注意要填写"单位"。
　　c.填写活体运输过程中保证存活率的方法，如氧气泵充氧运输等。

十　初加工、包装和储藏

水产品收获后是否进行初加工（清洗、包装）	
请描述初加工的工艺流程及条件	
如何对设备进行清洁和消毒	
水产品收获后采取什么管理措施防止有害生物发生[a]	
使用什么包装材料，是否符合食品级要求	
储藏方法及仓库卫生情况[b]	
绿色食品是否单独存放？采取什么措施确保不与其他产品混放[c]	

十一　废弃物处理及环境保护措施[d]

填表人（签字）：　　　　　　　　内检员（签字）：

注：内检员适用于已有中国绿色食品发展中心注册内检员的申请人。

【注意事项】

a.填写防止鼠、虫等有害生物发生的管理措施，如冷库保存等。

b.填写具体储藏方法，并描述仓库卫生情况。如现捕现卖，则填写"现捕现卖，不储藏"。

c.填写绿色食品与非绿色食品防混的方法，如分区存放，标识明确等。

d.填写废弃物处理及环境保护的具体措施，如废弃物用于制作饲料、肥料；废弃的饲料包装袋由村垃圾处理站集中处理等。

（3）质量控制规范。重点包括组织机构设置、人员分工管理、投入品管理、生产过程管理、质量内控措施、捕捞及运输管理、平行生产管理等。

（4）养殖基地来源及证明材料。参考"种植产品"，海上网箱养殖和滩涂养殖需提供有效期内的养殖证。

（5）养殖区域分布图和养殖区域图。

A.养殖区域分布图：参考"种植产品"。

B.养殖区域图：清晰标识地形、地势、交通、生活区、管理区、生产区、进水、排水系统、污水处理区等重要环境和区域。

（6）资质证明文件。特种鱼类养殖的需提供特种鱼类养殖许可证，许可证中主体名称应为绿色食品申请人，证件应在有效期内，许可范围涵盖所申报产品。

（7）苗种购买合同及证明。外购苗种的，应签订有效期3年以上的苗种购买合同，并提供批次苗种采购的发票、收据等证明材料。合同、发票和收据中的购买双方应与申报材料一致。

（8）饲料（饵料）来源及证明。

A.自制饲料。应提供饲料加工规程，其原料符合《绿色食品　饲料及饲料添加剂使用准则》（NY/T 471）。

B.外购饲料或饲料。原料应提供绿色食品生产资料证书复印件或绿色食品证书复印件、有效期3年以上的购买合同及批次发票复印件。

（9）养殖、捕捞、运输规程。

A.养殖。主要包括各养殖阶段的疾病防治、饲料投喂、混养模式、水质监控等操作规程。自繁自育苗种，还应提供苗种繁育规程（涉及水肥的种类及施用量、苗种的疾病预防、渔药的种类及用量、饲料的种类及投喂量、水体消毒剂种类及用量、水质监控等情况）。

B.捕捞、运输。包括捕捞时间、捕捞工具、动物福利措施及运输周转箱来源、材质、鲜活运输保障措施、运输工具清洁措施等。

（10）产品加工、储藏规程（初级加工产品适用）。涉及初级加工的产品，应提交产品加工、储藏规程。

3.申报范例

以××公司初次申请绿色食品甲鱼为例，具体内容请扫描下方二维码下载参考。

（六）蜂产品

1.申请材料清单

（1）《绿色食品标志使用申请书》和《蜂产品调查表》。

（2）质量控制规范。

（3）蜜源植物及蜂场基地位置图、基地地块分布图。

（4）蜜源植物基地清单。

（5）蜜蜂基地蜂场管理制度。

（6）蜂场清单。

（7）与蜜蜂基地蜂场签订的有效期3年以上的蜂产品生产及购销合

同(适用时)。

（8）蜂产品生产技术规程。

（9）蜂产品加工规程。

（10）预包装食品标签设计样张（预包装食品提供）。

（11）环境质量监测报告（种植基地土壤、灌溉水、加工用水）。

（12）产品检验报告。

（13）中国绿色食品发展中心要求提供的其他相关文件。

（14）国家农产品质量安全追溯管理信息平台注册证明。

2.材料详解

（1）《绿色食品标志使用申请书》。具体参考"种植产品"。

（2）《蜂产品调查表》。主要包括7个表格，涉及产地环境基本情况、蜜源植物、蜂场、饲喂、蜜蜂常见疾病防治、采收、储存及运输情况、废弃物处理及环境保护措施等各个环节，具体注意事项如下。

蜂产品调查表

申请人（盖章） _____

申请日期 _____年_____月_____日

中国绿色食品发展中心

注：填法同"种植产品"。

一 产地环境基本情况（蜜源地和蜂场）

基地位置（蜜源地和蜂场）[a]	
产地是否位于生态环境良好、无污染地区	
产地是否远离工矿区、公路铁路干线、畜禽养殖场	
产地周围5千米，主导风向的上风向20千米内是否有工矿污染源	
请描述产地及周边植物的农药、肥料等投入品使用情况	
请描述产地及周边的动植物生长、布局等情况[b]	

注：相关标准见《绿色食品 产地环境质量》（NY/T 391）和《绿色食品 产地环境调查、监测与评价规范》（NY/T 1054）。

二 蜜源植物

蜜源植物名称[c]		流蜜时间（起止时间）	
蜜源地规模（万亩）			
蜜源地常见病虫草害			
病虫草害防治方法。若使用农药，请明确农药名称、用量、防治对象和安全间隔期等内容[d]			
蜂场周围半径3~5千米范围内有毒有害蜜源植物			

注：不同蜜源植物应分别填写。

【注意事项】

a. 描述蜜源地和蜂场所在位置，具体到村。

b. 可咨询当地农业农村主管部门，描述产地及周边动植物生长、布局等情况。

c. 不同蜜源植物分开填写，表格自行增加。

d. 如不防治，填写"不涉及"；如使用农药防治，应写明农药通用名称、用量、安全间隔期等内容。

三 蜂场

蜂种（中蜂、意蜂、黑蜂、无刺蜂）	蜂箱数	生产期采收次数[a]	
蜂箱用何种材料制作			
巢础来源及材质			
蜂场及蜂箱如何消毒，请明确消毒剂名称、用量、批准文号、使用时间、采蜜间隔期等内容			
蜂场如何培育蜂王			
蜜蜂饮用水来源			
是否转场饲养？转场期间是否饲喂？请具体描述[b]			

【注意事项】

a.说明一个生产期内的采收次数，如"一年一次"。

b.如转场饲养，写明转场期间如何进行饲喂，包括饲料名称、饲喂时间、用量、来源等。

四 饲喂

饲料名称	饲喂时间[a]	用量（吨）	来源

注：相关标准见《绿色食品　饲料及饲料添加剂使用准则》（NY/T 471）。

五 蜜蜂常见疾病防治

蜜蜂常见疾病[b]				

防治措施				
兽药名称	批准文号	用途	用量	采蜜间隔期

注：相关标准见《绿色食品　兽药使用准则》（NY/T 472）。

【注意事项】

a. 写明具体时间段，如11月至次年2月。

b. 如基本不生病，且不用兽药防治，则填写"基本不生病"，防治措施用"/"划去。

六 采收、储存及运输情况

采收原料类别[a]	蜂蜜□	蜂王浆□	蜂花粉□	其他产品□
采收方式				
采收设备及材质				
采收时间				
采收数量（千克/蜂箱）				
采收时间				
采收数量（千克/蜂箱）				
取蜜设备使用前后是否清洗？请具体描述				
是否存在平行生产？请描述区分管理措施				
如何储存？包括从采收到加工过程中的储存环境、间隔时间、储存设备等，请具体描述[b]				
储存设备使用前后是否清洗？请具体描述清洗情况				
如何运输？请具体描述				

七 废弃物处理及环境保护措施

填表人（签字）：　　　　　　　　　　内检员（签字）：

注：内检员适用于已有中国绿色食品发展中心注册内检员的申请人。

【注意事项】

a."采收原料类别"根据实际生产情况具体选勾。

b.如不同原料储存方式不同，则分别描述。

（3）质量控制规范。重点包括组织机构设置、人员分工管理、投入品管理、养殖过程管理、蜂蜜收集等。

（4）蜜源植物及蜂场基地位置图、基地地块分布图。

A.基地位置图。

绘制范围：基地及周边5千米区域内村庄、河流、道路、山林等情况。

标识：基地位置（具体到乡镇村）、比例尺等，蜂场在蜜源植物基地位置图上标出，并标明蜂群数。

B.地块图。可手绘，如蜜源植物为种植作物，则提供相应的基地地块分布图，表明种植蜜源植物的具体位置和地块分布；如蜜源植物为野生植被，则不需要提供。

（5）蜜源植物基地清单。蜜源植物基地清单填写内容包括合作社名（或基地村名）、蜜源作物、种植面积（或天然面积）、负责人员。

疑问解答

某蜂蜜专业合作社，中蜂蜜源地为高山野生植物，意蜂饲养涉及两个种植蜜源地，是否需要做环境质量检测？

视具体情况。如为纯野生蜜源，可不做环境质量检测；如为种植蜜源地，且涉及转场饲养，两个蜜源地均需进行环境质量检测。

（6）蜜蜂基地蜂场管理制度。包括基地组织机构设置、人员分工、投入品供应管理、生产过程管理、产品收后管理、仓储运输管理等，可与质量控制规范合并。

（7）蜂场清单。填写内容包括蜂场名称、蜂场位置、蜂箱数、预计产品和负责人，蜂场位置具体到村。详见表3-7。

表3-7 蜂场清单

序号	蜂场名称	蜂场位置（基地村名）	蜂箱数	预计产量	负责人员
合计					

申请人（盖章）：

（8）与蜜蜂基地蜂场签订的有效期3年以上的蜂产品生产及购销合同（适用时）。如申请人向蜜蜂基地蜂场购买蜂产品，则需要提交与蜜蜂基地蜂场签订的有效期3年以上的蜂产品生产及购销合同，合同应注明质量标准符合绿色食品要求。

（9）蜂产品生产技术规程。写明蜂产品的生产条件、蜂群管理、生产工具、采收、贮存、运输等内容。

（10）蜂产品加工规程。写明蜂产品的加工工艺、各环节操作过程、贮存、标识、运输等内容，如申报产品加工工艺简单，可与蜂产品生产技术规程合并。

3.申报范例

以××蜂专业合作社初次申请绿色食品蜂蜜的申报材料为例，具体内容请扫描下方二维码下载参考。

第二节 续展申请

续展申请是指在绿色食品证书三年有效期满三个月前，申请人提出继续使用绿色食品标志许可。

一、申报条件

除满足初次申请要求的申报条件外，续展申请人还需要满足：

（1）申请人（主体经合法变更的除外）、生产基地或加工场所与上一用标周期一致。

（2）在上一用标周期内，申请人无质量安全事故、抽检不合格和不良诚信记录。

（3）在上一用标周期内，按时年检，且未出现年检不合格的情况。

二、申报材料

1.除提交初次申请需提交的材料外，还需提交的材料

（1）生产记录。应有固定格式，现场填写，并记载以下内容：

　　A.详细记载投入品购买与领用、产品收获时间与出库销售等情况。

　　B.详细记载上一用标周期生产活动中所使用过的投入品的名称、来源、用法、用量、防治对象、使用日期。

　　C.详细记载生产过程中病虫害防治技术措施、加工关键环节等。

　　（2）上一用标周期绿色食品原料使用凭证（适用时）。如外购饲料等绿色食品原料的，需要提交上一用标周期绿色食品原料使用凭证，包括采购合同、发票收据、绿色食品生产资料或绿色食品证书复印件等。

　　（3）上一用标周期已年检的绿色食品证书复印件。

2.特殊免除

　　（1）产地环境免测。申请人产地环境未发生改变，面积规模与绿色食品证书许可面积无变化，可免测产地环境。

　　（2）产品免测。如能提供上一用标周期第三年的有效年度抽检报告，可免做产品检测。

第三节　增报与变更申请

一、增报申请

（一）概念

增报申请是指企业在已获证产品的基础上，申请在其他产品上使用绿色食品标志或增加已获证产品产量。具体包括以下几种情形：

（1）申报已获证产品的同类多品种产品。

（2）申报与已获证产品产自相同生产区域的非同类多品种产品，包括种植区域相同、生产管理模式相同的农林产品；捕捞水域相同、非人工投喂模式的水产品；加工场所相同、原料来源相同、加工工艺略有不同的产品。同一集中连片区域生产的蔬菜水果等园艺作物，申请人应按照初次申请程序，将该区域内的产品全部申请绿色食品，不应存在平行生产或"插花地"现象。

（3）已获证产品总产量保持不变，将其拆分为多个商标或产品名称的产品。

（4）增加已获证产品的产量。

企业可在标志使用期间，根据上述产品增报的情形提交相关材料，经检查员现场检查，省级绿色食品工作机构审查确认后，报中国绿色食品发展中心审批。企业也可以在续展时提出申请。当生产区域扩大、变更或增报非同类多品种产品时，应进行产品抽样检测，并视情况进行环境检测。

（二）申请材料要求

1.申报已获证产品的同类多品种产品，应提交的材料

（1）增报产品的《绿色食品标志使用申请书》。

（2）生产工艺变化的，提供生产操作规程。

（3）基地图、基地清单、农户清单等。

（4）增报产品的原料购买合同或协议。

（5）产品包装标签设计样张。

（6）生产区域不在原产地环境监测范围内的，需提供《环境质量监测报告》。

（7）《产品检验报告》和产品抽样单。

（8）检查员提交现场核查报告（附现场检查照片），省级工作机构对其作出同意与否的意见，并加盖公章予以确认。

2.申报已获证产品产自相同生产区域的非同类多品种产品，应提交的材料

申报已获证产品产自相同生产区域的非同类多品种产品包括种植区域相同、生产管理模式相同的农林产品；捕捞水域相同、非人工投喂模式的水产品；加工场所相同、原料来源相同、加工工艺略有不同的产品，应提交以下材料。

（1）增报产品的《绿色食品标志使用申请书》。

（2）增报产品的生产操作规程。

（3）基地图、基地清单、农户清单等。

（4）原料购买合同或协议（附发票）。

（5）产品包装标签设计样张。

（6）《产品检验报告》和产品抽样单。

（7）涉及已获证产品产量变化的，应退回证书原件。

（8）检查员提交现场核查报告（附现场检查照片），省级工作机构对其作出同意与否的意见，并加盖公章予以确认。

3.已获证产品总产量保持不变，将其拆分为多个商标或产品名称的产品，应提交的材料

（1）《绿色食品标志使用申请书》。

（2）原获证产品证书原件。

（3）变化的商标注册证复印件。

（4）产品包装标签设计样张。

（5）省级工作机构提交情况说明，作出同意与否的意见，并加盖公章予以确认。

4.增加已获证产品产量的，应提交的材料

（1）产品由于盛产（果）期增加产量的，应提交以下材料：

A.《绿色食品标志使用申请书》。

B.原获证产品证书原件。

C.检查员提交现场核查报告（附现场检查照片），省级工作机构对其作出同意与否的意见，并加盖公章予以确认。

（2）扩大生产规模的（包括种植面积增加、养殖区域扩大、养殖密度增加等），应提交以下材料：

A.《绿色食品标志使用申请书》。

B.原获证产品证书原件。

C.新增区域的基地图、生产加工场所平面图、基地清单、农户清单等。

D.原料购买合同或协议（附发票）。

E.生产区域不在原产地环境监测范围内的，需提供《环境质量监测报告》，新增区域的产品需按照审查程序相关要求进行产品抽样检测。

F.生产区域未扩大的，无须进行产品检测。

G.检查员提交现场核查报告（附现场检查照片），省级工作机构对其作出同意与否的意见，并加盖公章予以确认。

（3）增报绿色食品畜禽、水产分割肉产品的，应提交以下材料：

标志使用人在绿色食品标志使用期内，在已获证产品产量不变的基础上，增报同类畜、禽、水产分割肉、骨及相关产品的，应提交以下材料：

A.《绿色食品标志使用申请书》。

B.产品包装标签设计样张。

C.原获证产品证书原件。

D.检查员提交现场核查报告（附现场检查照片），省级工作机构对其作出同意与否的意见，并加盖公章予以确认。

疑问解答

某茶叶企业的4吨绿茶在2016年获得绿色食品标志使用许可，2018年该企业希望新增3吨红茶申请绿色食品标志，可怎样申请？

有两种选择方式。一是选择将原获证产品提前续展，同新申报产品一并提出申请，在申请书中同时勾选续展申请和增报申请；二是选择将新申报产品单独提出，在申请书中同时勾选初次申请和增报申请。

二、变更申请

在证书有效期内，标志使用人的产地环境、生产技术、质量管理制度等没有发生变化的情况下，单位名称、产品名称、商标名称等一项或多项发生变化的，标志使用人应办理证书变更。

1.证书变更程序

（1）标志使用人向所在地省级工作机构提出申请，并提交相关材料。

（2）省级工作机构收到证书变更材料后，在5个工作日内完成初步审查，并提出初审意见。初审合格的，将申请材料报送中心审批；初审不合格的，书面通知标志使用人并告知原因。

（3）中心收到省级工作机构报送的材料后，在5个工作日内完成变更手续，并通过省级工作机构通知标志使用人。

2.证书变更材料

（1）证书变更申请表。

（2）证书原件。

（3）标志使用人单位名称变更的，须提交行政主管部门出具的变更批复复印件及变更后的营业执照复印件。

（4）商标名称变更的，须提交变更后的商标注册证复印件。

（5）如获证产品为预包装食品，须提交变更后的预包装食品标签设计样张。

3.变更申请范例

××××茶叶有限公司于2019年获得绿色食品认证，2020年2月，公司名称变更为"××××茶产业有限公司"，除名称变更外，产地环境、生产技术、质量管理制度等无变化。具体变更申请表格填写范例如下。

绿色食品标志使用证书
变更申请表

申请人（盖章） ×××× 茶产业有限公司

申请日期 ___2020___ 年 ___3___ 月 ___21___ 日

中国绿色食品发展中心

绿色食品标志使用证书变更申请表

标志使用人	××××茶产业有限公司	
申请项目	生产商☑ 产品名称□ 产品商标□ 核准产量□	
变更前	××茶叶有限公司 **变更后** ××××茶产业有限公司	
产地环境是否变化	否	
原料来源是否变化	否	
生产规模是否变化	否	
工艺流程是否变化	否	
管理制度是否变化	否	

变更原因：
　　为更好地适应市场发展需求，公司将名称由原来的"××茶叶有限公司"变更为"××××茶产业有限公司"，公司人员组成、管理制度、茶叶产地环境、工艺流程等均未发生变化。

　　　　　　　　　　　标志使用人签字：　　　　　　（盖章）

　　　　　　　　　　　　　　　　　　年　　　月　　　日

省级工作机构审核意见：
　　同意变更申请。

　　　　　　　　　　　负责人签字：　　　　　　　（盖章）

　　　　　　　　　　　　　　　　　　年　　　月　　　日

　　注：此表一式三份，中心、省级工作机构、标志使用人各一份。

第四章
绿色食品受理审查

　　绿色食品审查是指按照《绿色食品标志许可审查工作规范》的规定，经中国绿色食品发展中心核准注册且具有相应专业资质的绿色食品检查员，对申请人申请材料、产地环境和产品质量证明材料、现场检查报告、省级绿色食品工作机构相关材料等实施审核的过程。

第一节　检查员工作清单

　　有资质的绿色食品检查员至少　 2 　名。
　　□《绿色食品申请受理通知书》
　　□《绿色食品受理审查报告》
　　□《绿色食品现场检查通知书》
　　□《现场检查报告》

□《绿色食品现场检查意见通知书》

□《现场检查发现问题汇总表》

□《会议签到表》

□《绿色食品省级工作机构初审报告》

第二节　现场检查程序

一、检查前准备

（一）下发《绿色食品现场检查通知书》

根据申请材料审查结果，下发《绿色食品现场检查通知书》，对合格的申请人45个工作日内，组织至少两名检查员对申请人产地进行现场检查。

绿色食品现场检查通知书（部分）

_____ ：

　　你单位提交的申请材料（初次申请□　续展申请□　增报申请□）审查合格，按照《绿色食品标志管理办法》的相关规定，计划于___年___月___日至___日对你单位的___（产品）生产实施现场检查，现通知如下：

　　1.检查目的

　　检查申请产品（或原料）产地环境、生产过程、投入品使用、包装、贮藏运输及质量管理体系等与绿色食品相关标准及规定的符合性。

4.检查组成员

	姓名	检查员专业	联系方式
组长			
组员			
组员			
组员（实习）			
技术专家			

注：实习检查员和技术专家为组成检查组非必须人员。

【注意事项】

"计划时间"应在材料审查合格后45个工作日内，且在申报产品生产期内（受作物生长期影响可适当延后）。"3.检查内容"根据实际情况进行勾选。"4.检查组成员"填写至少两名检查员信息。"6.保密"部分检查员签字。申请人收到通知书后，在"7.申请人确认回执"部分签字盖章。

（二）主体准备

1.主体参加人员

负责人及生产管理工作人员3~6名。

☐主体负责人或法定代表人

☐种植管理负责人

☐加工管理负责人

☐销售负责人（法定代表人可兼）

☐财务负责人（法定代表人不可兼）

☐内检员（可兼职）

☐种植大户或养殖大户

2.主体准备工作清单

☐企业营业执照原件

☐商标注册证原件

☐土地承包合同原件

☐生产记录档案原件

☐申请材料

☐企业公章

☐首末次会议室

☐农资仓库、产品仓库等场所钥匙

二、现场检查主要内容

(一)首次会议

☐介绍参加会议的检查员及现场检查目的、要求

☐做保密声明,明确廉洁、回避等相关纪律

☐介绍绿色食品申报认定程序及注意事项

☐了解申请人基本情况及申报认定绿色食品计划

☐咨询参会生产管理人员有关情况

☐参加首次会议人员签字

☐拍照

(二)实地检查

☐申报产品种植/养殖基地

☐申报产品产地周边环境

☐种子种苗、农药、兽药、饲料等农业投入品仓库

□农产品检测室

□农产品收储、包装场地

□企业名牌

□加工产品生产车间（涉及加工流程每个环节）

□加工产品主辅料仓库

□加工产品检测室

□加工产品贮藏室/冷库

□申报产品包装

□主体生产管理制度/生产记录档案

□加工生产主体名牌（若委托加工）

□主体废弃物处理设施

□原料、产品运输车辆

□拍照

（三）末次会议

□结合现场检查报告涉及的各项内容咨询了解生产管理过程，填写《现场检查报告》

□反馈实地检查和申报材料发现的问题，填写《现场检查发现问题汇总表》

□提出现场检查意见，填写《绿色食品现场检查意见通知书》

□参加人员签字，申请人盖章

□拍照

三、现场检查报告填写事项

以种植产品现场检查报告为例，填写注意事项如下：

种植产品现场检查报告

申请人				联系人	
申请类型[a] （初次、续展）	□初次申请　□续展申请			电话	
申请产品[b]				商标	
种植面积（万亩）[c]					
检查组派出单位[d]					
检查组	分工	姓名	工作单位	电话	
	组长				
	成员				
检查日期	年　　月　　日—　　年　　月　　日				

【注意事项】

a.根据申请人实际情况勾选。

b.申请产品如有多个，一并填写。

c.按照产品实际种植面积填写，多个产品分别标注产品名称，注意单位"万亩"。

d.按派出单位实际填写。

1.质量管理体系

序号	检查项目	检查内容	检查情况描述
1	基本情况	申请人的基本情况与申请书内容是否一致	a
		申请人的营业执照、商标注册证、土地权属证明等资质证明文件是否合法、齐全、真实	b
		绿色食品生产管理负责人姓名、职务、职责	c
		内检员姓名、职务、职责	d

【注意事项】

a.现场核查申请人的基本情况与申请书是否一致。

b.现场核查申请人营业执照等资质文件,主体是否成立1年以上,材料是否合法、真实。

c.现场询问生产管理负责人及职责。

d.询问核查参加培训并注册的绿色食品内检员。

序号	检查项目	检查内容	检查情况描述
2	种植基地及产品情况	基地地址、面积	e
		基地清单(具体到村)	f
		种植产品名称、面积	g
		基地行政区划图、基地分布图、地块分布图与实际情况是否一致	h
		基地权属情况(自有、租赁、合同种植)	i

【注意事项】

e.实地检查确认基地地址和基地面积。

f.基地所在的村,如涉及多个基地,每个基地所在村均需列出。

g.核查种植产品面积,多个产品分别列出面积。

h.实地查看基地所在位置是否与申请材料提供的相关分布图一致。

i.查看基地土地承包合同,核查权属情况。

序号	检查项目	检查内容	检查情况描述
3	种植基地管理制度	种植基地管理制度是否健全？（应包括人员管理、投入品供应与管理、种植过程管理、产品采后管理、仓储运输管理等）	j
		种植基地管理制度在生产中是否能够有效落实？相关制度和标准是否在基地内公示	k
		是否有50个农户以上内控组织管理制度？是否科学、可行、实用、有效	l
		生产组织形式	□自有基地 □公司＋基地＋农户 □绿色食品原料标准化生产基地 其他：
		核实种植基地清单的真实性	
		核实种植农户清单的真实性	
		核实种植产品订购合同或协议的有效性	
		是否存在平行生产？是否有平行生产管理制度	m
		生产管理人员是否定期接受绿色食品培训	n
		是否有绿色食品标志使用管理制度	

【注意事项】

j.核查申请材料和现场检查是否一致。

k.现场检查是否有相关制度和标准并公示。

l.主要指合作社，如无，可直接填写"不涉及"。

m.现场核查是否足额申报，如有平行生产，简单描述相关制度。

n.查阅生产管理人员参加培训的通知文件。

序号	检查项目	检查内容	检查情况描述
4	种植规程	是否包括种子种苗处理、土壤培肥、病虫害防治、灌溉等内容	
		是否有收获规程及收获后、采集后运输、初加工、贮藏、产品包装规程	
		是否轮作/间作/套种其他作物？是否有这些作物的种植规程？是否会对申报作物生产造成影响	o
5	产品质量追溯	申请前三年或用标周期（续展）内是否有质量安全事故和不诚信记录	p
		是否有产品内检制度和内检记录	
		是否有产品检验报告或质量抽检报告	q
		是否建立了产品质量追溯体系？描述其主要内容	r
		是否保存了能追溯生产全过程的上一生产周期或用标周期（续展）的生产记录	s
		记录中是否有绿色食品禁用的投入品及生产技术	t
		是否具有组织管理绿色食品产品生产和承担责任追溯的能力	
检查员评价		u	

【注意事项】

o. 查看现场是否有间作或套种，询问生产管理人员是否有轮作。

p. 查阅社会信用系统，核查申请人是否有质量安全事故和不诚信记录。

q. 核查产品有效抽检报告。

r. 现场查看申请产品可追溯管理实施情况，描述食用农产品合格证或二维码等追溯形式。

s. 查阅生产管理记录台账等。

t. 对照绿色食品农药使用准则等核查生产记录。

u. 对质量管理体系整体进行总结性评价，描述申请人基本情况、基地情况、基地管理制度、种植规程、产品质量追溯等。

2.产地环境质量

序号	检查项目	检查内容	检查情况描述
6	产地环境	地理位置、地形地貌	a
		年积温、年平均降水量、日照时数	b
		简述当地主要植被及生物资源	c
		农业种植结构	d
		简述生态环境保护措施	e
		产地是否远离工矿区和公路铁路干线	
		周边是否有对农业生产活动和产地造成危害的污染源	
		绿色食品和常规生产区域之间是否有缓冲带或物理屏障	f
		是否建立生物栖息地？应保证基地具有可持续生产能力，不对环境或周边其他生物产生污染	g
		是否有保护基因多样性、物种多样性和生态系统多样性，以维持生态平衡的措施	h

【注意事项】

a."地理位置"指产地所在县区、乡镇、村居位置，"地形地貌"主要指产地属山地、丘陵、平原、水乡等。

b.查询当地水文气象数据。

c.现场核查及座谈询问当地主要植被如花卉苗木、农作物、鱼塘以及其他动植物资源。

d.主要指包括申报产品在内的其他农产品情况，如蔬菜、水稻、茶叶、水果等。

e.生态环境保护措施主要指产地选择、肥药使用、生物多样性保护等措施。

f.现场核查申报绿色食品与常规生产区域之间是否有明显苗木、沟渠、人工隔离带或缓冲带。

g.主要描述建立保护生物栖息地的情况，比如野生动物、鸟类等。

h.主要指保护产地林木、生物，保护基因多样性、物种多样性和生态系统多样性等方面的措施。

序号	检查项目	检查内容	检查情况描述
7	灌溉水源	灌溉水来源	i
		灌溉方式	j
		可能引起灌溉水受污染的污染物及其来源	
		绿色食品和常规生产区域之间的排灌系统是否有有效的隔离措施	k

【注意事项】

i."灌溉水来源"主要指水库、河流、湖水、自然降雨以及自来水等。

j.灌溉方式根据实地核查,主要有喷灌、滴灌、漫灌等。

k.现场核查绿色食品生产区域是否为独立生产区域,是否与常规生产区域排灌系统有隔离措施。

序号	检查项目	检查内容	检查情况描述
8	免测项目及免测理由	□空气免测	□产地周围5千米,主导风向的上风向20千米内无工矿污染源的种植业区空气免测
			□设施种植业区只测温室大棚外空气
		□土壤免测	□提供了符合要求的环境背景值
		□灌溉水免测	□灌溉水来源为天然降水
			□提供了符合要求的环境背景值
		□续展免测	□产地环境、范围、面积未发生变化
			□产地及其周边未增加新的污染源
			□影响产地环境质量(空气、土壤、水质)的因素未发生变化
9	检测项目	□空气　　□土壤　　□灌溉水	

【注意事项】

"免测项目及免测理由"根据申报产品实际情况勾选。

3.种子(种苗)

序号	检查项目	检查内容	检查情况描述
10	种子(种苗)来源	品种及来源	a
		外购种子(种苗)是否有标签和购买凭证	
		是否为转基因品种	
11	种子(种苗)处理	处理方式	b
		是否包衣?包衣剂种类、用量	
		处理药剂的有效成分、用量、用法	
12	播种/育苗	土壤消毒方法	c
		营养土配制方法	
		药土配制方法	

【注意事项】
a.核查生产记录及询问生产管理人员,确定品种及来源。
b.主要指种植前处理,比如使用农药拌种等,如无,则填写"不处理"。
c.询问生产管理人员及核查生产记录确定填写。

4.土壤培肥

序号	检查项目	检查内容	检查情况描述
13	土壤类型	栽培类型(露地/设施)	a
		土壤类型、肥力状况	b
		简述土壤肥力保持措施	c
14	农家肥料	是否秸秆还田	
		是否种植绿肥?说明种类及亩产量	d
		是否堆肥?简述来源、堆制方法(时间、场所、温度)及亩施用量	e
		说明其他农家肥料的种类、来源及亩施用量	f
15	商品有机肥	说明有机肥的种类、来源及亩施用量,有机质、N、P、K等主要成分含量	
16	微生物肥料	说明种类、来源及亩施用量	
17	有机-无机复混肥料、无机肥料	说明每种肥料的种类、来源及亩施用量,有机质、N、P、K等主要成分含量	

【注意事项】

a.现场核查申报产品栽培类型,主要有露地栽培、设施栽培等。

b.土壤类型可根据当地土肥站资料查询填写,比如沙土、壤土、红壤等。

c.现场核查询问土壤肥力保持措施,比如施用有机肥、休耕等措施。

d.现场核查询问是否种植绿肥,比如紫云英等。

e.现场核查询问堆肥情况,比如鸭粪的来源、堆制方法与场所及施用量。

f.现场核查了解其他农家肥料施用情况。

序号	检查项目	检查内容	检查情况描述
18	土壤调理剂	简述土壤障碍因素	
		说明使用制剂名称、成分和使用方法	
19	肥料使用	是否施用添加稀土元素的肥料	
		是否施用成分不明确的、含有安全隐患成分的肥料	
		是否施用未经发酵腐熟的人畜粪尿	
		是否施用生活垃圾、污泥和含有害物质（如毒气、病原微生物、重金属等）的工业垃圾	
		是否施用转基因品种（产品）及其副产品为原料生产的肥料	
		是否使用国家法律法规不得使用的肥料	
20	氮素用量	当地同种作物习惯施用的无机氮素用量[千克/(亩·年)]	
		核算无机氮素用量[千克/(亩·年)]	
21	肥料使用记录	是否有肥料使用记录？（包括地块、作物名称与品种、施用日期、肥料名称、施用量、施用方法和施用人员等）	
	检查员评价		

5.病虫草害防治

序号	检查项目	检查内容	检查情况描述
22	病虫草害发生情况	本年度发生的病虫草害名称及危害程度	a
23	农业防治	具体措施及防治效果	b
24	物理防治	具体措施及防治效果	c
25	生物防治	具体措施及防治效果	d
26	农药和其他植保产品的使用	商品名、有效成分、防治对象、施药时间、施药剂量（或浓度）、安全间隔期	e
		是否获得国家农药登记许可	f
		农药种类是否符合NY/T 393要求	g
		是否按农药标签规定用量合理使用	h
		检查地块、周边等是否有农药等投入品包装物，并确认是否有绿色食品禁用投入品	i
27	农药使用记录	是否有农药使用记录？（应包括地块、作物名称和品种、使用日期、药名、使用方法、使用量和施用人员）	j

【注意事项】
　　a.现场调查了解本年度病虫草害情况及危害程度，应与申报材料一致。
　　b.现场了解农业防治措施，比如选择抗病虫害品种，实施轮作、间作、套种等耕作制度，加强肥水管理等栽培措施等。
　　c.现场查看和座谈了解物理防治措施，比如使用防虫网、地膜隔离、高温盖膜灭虫菌、机械捕捉、杀虫灯等。
　　d.现场查看和座谈了解生物防治措施，比如使用植物诱杀害虫，性信息素诱杀害虫，保护、利用瓢虫、马蜂等害虫天敌等。
　　e.现场检查农资仓库和生产记录，询问生产管理人员，核对使用的农药情况并如实填写。
　　f.核查农药包装登记号是否通过国家农药登记许可。
　　g.核查使用的农药是否在绿色食品生产允许使用的农药清单内，并符合NY/T 393的要求。
　　h.现场检查生产记录与农药包装标签规定的用量是否一致。
　　i.现场检查产地环境是否有农药等投入品包装物，是否有绿色食品禁用投入品。
　　j.现场核查农药使用记录情况，并选取某一日农药使用情况举例。

6.采后处理

序号	检查项目	检查内容	检查情况描述
28	收获	简述作物收获时间、方式	a
		是否有作物收获记录	b
29	初加工	作物收获后经过何种初加工处理(清理、晾晒、分级、包装等)	c
		是否打蜡?是否使用化学药剂?说明其成分,是否符合GB 2760、NY/T 393的标准要求	d
		简述加工厂地址、面积、周边环境	
		简述厂区卫生制度及实施情况	
		简述加工流程	
		是否清洗?清洗用水的来源	
		简述加工设备及清洁方法	
		加工设备是否同时用于绿色和非绿色产品?如何防止混杂和污染	
		简述清洁剂、消毒剂种类和使用方法,如何避免对产品产生污染	

【注意事项】

a.现场检查核实作物收获时间、收获方式,比如"茶叶3—4月,人工采摘"。

b.现场检查是否有作物收获记录。

c.现场查看和座谈了解作物收获后处理方式,比如水果分级等。

d.现场查看和座谈了解是否使用化学药剂,如有,是否符合标准要求。

7. 包装与贮运

序号	检查项目	检查内容	检查情况描述
30	包装材料	简述包装材料、来源	a
		说明周转箱材料，是否清洁	b
		纸类包装是否涂蜡、上油以及使用涂塑料等防潮材料	c
		纸箱是否使用扁丝钉钉合？所作标记是否使用油溶性油墨	
		塑料制品是否使用含氟氯烃（CFS）的发泡聚苯乙烯（EPS）、聚氨酯（PUR）等产品	
		金属类包装是否使用对人体和环境造成危害的密封材料和内涂料	
		所用油墨、黏合剂等是否无毒？是否直接接触食品	
		包装材料是否可重复使用、回收利用或可降解	

【注意事项】

a.现场查看和座谈了解产品包装情况和来源，如种植产品的包装一般为纸箱、纸盒、塑料筐等，来源一般是外购。

b.现场查看是否使用周转箱，并描述材质及清洁情况，如塑料或者竹篾等。

c.现场查看了解纸类包装是否涂蜡、上油以及使用涂塑料等防潮材料，并描述。

序号	检查项目	检查内容	检查情况描述
31	标志与标识	是否提供了含有绿色食品标志的包装标签或设计样张？（非预包装食品不必提供）	d
		包装标签标识及标识内容是否符合 GB 7718、NY/T 658 标准要求	
		绿色食品标志设计是否符合《中国绿色食品商标标志设计使用规范手册》的要求	e
		包装标签中生产商、商品名、注册商标等信息是否与上一周期绿色食品证书中一致？（续展）	f
32	生产资料仓库	是否与产品分开贮藏	
		简述卫生管理制度及执行情况	g
		绿色食品与非绿色食品使用的生产资料是否分区储藏，区别管理	h
		是否储存了绿色食品生产禁用物？禁用物如何管理	i
		出入库记录和领用记录是否与投入品使用记录一致	j

【注意事项】

d.现场查看是否提供预包装标签或设计样张，是否与申请材料一致。

e.现场查看预包装设计是否有绿色食品标志，是否有企业信息码，是否符合设计规范要求。

f.对续展产品核对包装使用情况，是否与上一周期绿色食品证书一致。

g.现场查看生产资料仓库卫生情况，是否有管理制度以及执行情况。

h.现场查看绿色食品使用的农药、肥料等农资是否与普通产品使用的农资分区储藏、区别管理。

i.现场查看农资仓库，对照绿色食品农药使用清单核查是否有存放禁用投入品。

j.查看农资管理记录，特别是农药、肥料购销凭证、出入库记录和使用记录情况。

序号	检查项目	检查内容	检查情况描述
33	产品贮藏仓库	周围环境是否卫生、清洁，远离污染源	
		简述仓库内卫生管理制度及执行情况	k
		简述贮藏设备及贮藏条件，是否满足产品温度、湿度、通风等贮藏要求	l
		简述堆放方式，是否会对产品质量造成影响	m
		是否与有毒、有害、有异味、易污染物品同库存放	
		与同类非绿色食品产品一起贮藏的，如何防混、防污、隔离	
		简述防虫、防鼠、防潮措施，说明使用的药剂种类和使用方法，是否符合NY/T 393的规定	n
		是否有贮藏设备管理记录	
		是否有产品出入库记录	
34	运输管理	采用何种运输工具	o
		简述保鲜措施	p
		是否与化肥、农药等化学物品及其他任何有害、有毒、有气味的物品一起运输	
		铺垫物、遮垫物是否清洁、无毒、无害	
		运输工具是否同时用于绿色食品和非绿色食品？如何防止混杂和污染	q
		简述运输工具清洁措施	r
		是否有运输过程记录	

【注意事项】

k.一般种植业产品随采随销，对部分贮藏产品查看仓库是否有管理制度以及执行情况。

l.现场查看贮藏设备及贮藏条件，是否通风及具备通风设备等。

m.查看产品存放方式，比如是否有架空，是否对质量造成影响。

n.查看仓库防虫、防鼠、防潮情况，比如是否有挡鼠板，是否有防虫剂，是否有通风防潮等措施。

o.现场查看并了解产品运输工具，比如推车、小型汽车等。

p.查看产品运输过程中是否有保鲜措施。

q.查看并了解运输过程中是否同时运输非绿色食品以及防混措施。

r.了解运输工具清洁措施，比如清水冲洗等措施。

8.废弃物处理及环境保护措施

序号	检查项目	检查内容	检查情况描述
35	废弃物处理	污水、农药包装袋、垃圾等废弃物是否及时处理	a
		废弃物存放、处理、排放是否对食品生产区域及周边环境造成污染	b
36	环境保护	如果造成污染，采取了哪些保护措施	
检查员评价			

【注意事项】
　　a.查看并了解农药包装袋、化肥包装袋等废弃物是否处理,比如统一回收处理。
　　b.查看废弃物存放方式,判断是否对周边环境造成污染。

9.绿色食品标志使用情况(仅适用于续展)

序号	检查内容	检查情况描述
37	是否提供了经核准的绿色食品证书	
38	是否按规定时限续展	
39	是否执行了《绿色食品标志商标使用许可合同》	
40	续展申请人、产品名称等是否发生变化	
41	质量管理体系是否发生变化	
42	用标周期内是否出现产品质量投诉现象	
43	用标周期内是否接受中心组织的年度抽检?产品抽检报告是否合格	
44	用标周期内是否出现年检不合格现象?说明年检不合格原因	
45	核实用标周期内标志使用数量、原料使用凭证	
46	申请人是否建立了标志使用出入库台账,能够对标志的使用、流向等进行记录和追踪	
47	用标周期内标志使用存在的问题	

【注意事项】
　　针对续展产品申请材料情况核实填写,对43项用标周期接受中心组织的年度抽检的,填写抽样文件号。对44项用标周期内年检不合格的,核实年检不合格原因。对未出现相关问题的,填写"未出现"。

10. 收获统计

作物名称	种植面积（万亩）	茬/年	当地常规产量[吨/(亩·年)]	绿色食品产量[吨/(亩·年)]	预计收获量[吨/(亩·年)]
			a	b	

【注意事项】

a.根据现场检查了解当地常规产品产量情况，一般比实际申报绿色食品产量高。

b.根据申请材料填报绿色食品产量以及面积计算。

现场检查意见

现场检查综合评价	
检查意见	□合格　　　□限期整改　　　□不合格

检查组成员签字：

年　　月　　日

我确认检查组已按照《绿色食品现场检查通知书》的要求完成了现场检查工作，报告内容符合客观事实。

申请人法定代表人(负责人)签字：

（盖章）
年　　月　　日

【注意事项】

针对质量管理体系、产地环境、种子种苗、土壤培肥、病虫草害防治、采后处理、包装与贮运、废弃物处理及环境保护措施、标志使用等各个环节检查情况进行简单综合评价，并提出是否合格意见。检查组人员、申请人负责人需签字并盖章。

四、种植产品现场检查报告范例

种植产品现场检查报告

申请人	××家庭农场	联系人	张三
申请类型	☑初次申请 □续展申请	电话	13×××× ×××××
申请产品	××樱桃	商标	××＋图形
种植面积（万亩）	0.1		
检查组派出单位	浙江省农产品质量安全中心		

检查组	分工	姓名	工作单位	电话
检查组	组长	×××	××市绿办	
	成员	×××	××市绿办	
		×××	××县农业农村局	
检查日期	2019年5月5日—2019年5月5日			

中国绿色食品发展中心

1.质量管理体系

序号	检查项目	检查内容	检查情况描述
1	基本情况	申请人的基本情况与申请书内容是否一致	一致
		申请人的营业执照、商标注册证、土地权属证明等资质证明文件是否合法、齐全、真实	营业执照注册号××××,商标注册证第××××号,土地流转合同等资质证明文件合法、齐全、真实
		绿色食品生产管理负责人姓名、职务、职责	张三,负责质量管理
		内检员姓名、职务、职责	李四,负责质量管理
2	种植基地及产品情况	基地地址、面积	××县××镇××村,1000亩
		基地清单(具体到村)	自有基地,浙江省××县××镇××村
		种植产品名称、面积	樱桃,1000亩
		基地行政区划图、基地分布图、地块分布图与实际情况是否一致	一致
		基地权属情况(自有、租赁、合同种植)	自有
3	种植基地管理制度	是否涵盖了绿色食品生产的管理要求	种植基地管理制度涵盖了绿色食品生产的管理要求
		种植基地管理制度是否健全(应包括人员管理、投入品供应与管理、种植过程管理、产品采后管理、仓储运输管理等)	种植基地管理制度健全,有人员管理、投入品管理、种植过程管理、仓储运输管理等
		种植基地管理制度在生产中是否能够有效落实?相关制度和标准是否在基地内公示	是
		是否有50个农户以上内控组织管理制度?是否科学、可行、实用、有效	不涉及

续表

序号	检查项目	检查内容	检查情况描述
3	种植基地管理制度	生产组织形式	☑自有基地 □公司＋基地＋农户 □绿色食品原料标准化生产基地 其他:
		核实种植基地清单的真实性	真实
		核实种植农户清单的真实性	不涉及
		核实种植产品订购合同或协议的有效性	不涉及
		是否存在平行生产？是否有平行生产管理制度	无
		生产管理人员是否定期接受绿色食品培训	生产管理人员定期接受企业组织开展的绿色食品培训
		是否有绿色食品标志使用管理制度	是
4	种植规程	是否包括种子种苗处理、土壤培肥、病虫害防治、灌溉等内容	有土壤培肥、病虫害防治、果树修剪等内容
		是否有收获规程及收获后、采集后运输、初加工、贮藏、产品包装规程	有收获规程及收获后、采集后运输、初加工规程
		是否轮作/间作/套种其他作物？是否有这些作物的种植规程？是否会对申报作物生产造成影响	否，多年生作物
5	产品质量追溯	申请前三年或用标周期（续展）内是否有质量安全事故和不诚信记录	无，初次申请
		是否有产品内检制度和内检记录	有
		是否有产品检验报告或质量抽检报告	有
		是否建设立了产品质量追溯体系？描述其主要内容	有，包括产品名称、生产日期、生产商、电话、采摘等

续表

序号	检查项目	检查内容	检查情况描述
5	产品质量追溯	是否保存了能追溯生产全过程的上一生产周期或用标周期（续展）的生产记录	无，初次申请
		记录中是否有绿色食品禁用的投入品及生产技术	无
		是否具有组织管理绿色食品产品生产和承担责任追溯的能力	农场具有组织管理绿色食品生产和承担责任追溯的能力
检查员评价		农场质量管理体系健全，内部分工明确，绿色食品及质量安全生产有专人负责，制度上墙，记录台账齐全	

2.产地环境质量

序号	检查项目	检查内容	检查情况描述
6	产地环境	地理位置、地形地貌	××县××镇××村，丘陵山区
		年积温、年平均降水量、日照时数	年平均气温16.4℃，≥5℃年积温5875℃，≥10℃年积温5508.5℃；年平均降水量1728毫米，年日照时数1666小时
		简述当地主要植被及生物资源	樱桃果园与葡萄、枇杷、草莓种植区相邻，周边还有鱼塘、水田
		农业种植结构	该地区以瓜果、蔬菜种植为主，兼有水产养殖、水稻种植
		简述生态环境保护措施	通过使用有机肥、诱杀害虫等措施，保护生产环境
		产地是否远离工矿区和公路铁路干线	产地远离工矿区和公路、铁路干线
		周边是否有对农业生产活动和产地造成危害的污染源	无
		绿色食品和常规生产区域之间是否有缓冲带或物理屏障	天然杂木林、毛竹林
		是否建立生物栖息地？应保证基地具有可持续生产能力，不对环境或周边其他生物产生污染	基地适合生物栖息，具有可持续生产能力；农场注重对生态环境的保护，不会对周边环境或生物产生污染

续表

序号	检查项目	检查内容	检查情况描述
6	产地环境	是否有保护基因多样性、物种多样性和生态系统多样性,以维持生态平衡的措施	是
		产地是否有绿色食品的明显标识	暂时还没有
7	灌溉水源	灌溉水来源	天目山下游东苕溪水系
		灌溉方式	微滴灌
		可能引起灌溉水受污染的污染物及其来源	无
		绿色食品和常规生产区域之间的排灌系统是否有有效的隔离措施	设有专用滴灌系统
8	免测项目及免测理由	☑空气免测	□产地周围5千米,主导风向的上风向20千米内无工矿污染源的种植业区空气免测
			□设施种植业区只测温室大棚外空气
		□土壤免测	□提供了符合要求的环境背景值
		□灌溉水免测	□灌溉水来源为天然降水
			□提供了符合要求的环境背景值
		□续展免测	□产地环境、范围、面积未发生变化
			□产地及其周边未增加新的污染源
			□影响产地环境质量(空气、土壤、水质)的因素未发生变化
9	检测项目	□空气　　☑土壤　　☑灌溉水	
绿色食品生产适宜性评价		××樱桃种植基地坐落在丘陵山区,产地生态环境优美,周边没有污染源,生态资源丰富,适宜发展绿色食品	

3.种子(种苗)

序号	检查项目	检查内容	检查情况描述
10	种子(种苗)来源	品种及来源	日本小樱桃,从浙江××苗木有限公司引种
		外购种子(种苗)是否有标签和购买凭证	有
		是否为转基因品种	不是转基因品种
11	种子(种苗)处理	处理方式	不处理
		是否包衣?包衣剂种类、用量	不用
		处理药剂的有效成分、用量、用法	不涉及
12	播种/育苗	土壤消毒方法	不消毒
		营养土配制方法	不用
		药土配制方法	不用
检查员评价		××,日本小樱桃,多年生作物,2005年从××引进,质量有保障	

4.土壤培肥

序号	检查项目	检查内容	检查情况描述
13	土壤类型	栽培类型(露地/设施)	露地栽培
		土壤类型、肥力状况	沙质黄壤,肥沃
		简述土壤肥力保持措施	施用有机肥
14	农家肥料	是否秸秆还田	人工除草或修剪的枝条还地作肥
		是否种植绿肥?说明种类及亩产量	不种
		是否堆肥?简述来源、堆制方法(时间、场所、温度)及亩施用量	不用
		说明其他农家肥料的种类、来源及亩施用量	向当地养殖户购置腐熟鸭肥,800千克/(亩·年)
15	商品有机肥	说明有机肥的种类、来源及亩施用量,有机质、N、P、K等主要成分含量	不用

续表

序号	检查项目	检查内容	检查情况描述
16	微生物肥料	说明种类、来源及亩施用量	不用
17	有机-无机复混肥料、无机肥料	说明每种肥料的种类、来源及亩施用量，有机质、N、P、K等主要成分含量	硫酸钾型复合肥，安徽省司尔特肥业股份有限公司，$N-P_2O_5-K_2O=15-15-15$，15千克/(亩·年)
18	土壤调理剂	简述土壤障碍因素	没有
		说明使用制剂名称、成分和使用方法	不用
19	肥料使用	是否施用添加稀土元素的肥料	不用
		是否施用成分不明确的、含有安全隐患成分的肥料	没有发现
		是否施用未经发酵腐熟的人畜粪尿	不用
		是否施用生活垃圾、污泥和含有害物质(如毒气、病原微生物、重金属等)的工业垃圾	不用
		是否施用转基因品种(产品)及其副产品为原料生产的肥料	没有发现
		是否使用国家法律法规不得使用的肥料	不用
20	氮素用量	当地同种作物习惯施用的无机氮素用量[千克/(亩·年)]	4.6千克/(亩·年)
		核算无机氮素用量[千克/(亩·年)]	2.25千克/(亩·年)
21	肥料使用记录	是否有肥料使用记录?(包括地块、作物名称与品种、施用日期、肥料名称、施用量、施用方法和施用人员等)	有记录，11月中下旬亩施腐熟鸭肥800千克，3月中下旬亩施硫酸钾型复合肥15千克，沟施
检查员评价		土壤培肥注重使用腐熟鸭肥，××修剪后还地；肥料使用记录，包括地块、施用日期、肥料名称、施用量、施用方法和施用人员等，基本完备	

5.病虫草害防治

序号	检查项目	检查内容	检查情况描述
22	病虫草害发生情况	本年度发生的病虫草害名称及危害程度	本年度有毛虫等少量虫害发生，另有鸟害发生
23	农业防治	具体措施及防治效果	冬季修剪清园，中耕培肥，勤除杂草，合理施肥（多施有机肥，少施化肥）
24	物理防治	具体措施及防治效果	装防虫网防虫、防鸟，利用诱捕灯诱杀害虫，减少害虫基数，防治效果较好
25	生物防治	具体措施及防治效果	果园放养鸡，保护有益生物，减轻虫害，有防治效果
26	农药和其他植保产品的使用	商品名、有效成分、防治对象、施药时间、施药剂量（或浓度）、安全间隔期	7月下旬用高效氯氰菊酯乳油1000倍液喷雾防治毛虫等，6月上旬用草甘膦1000倍液喷雾除草，安全间隔期分别为7天和20天
		是否获得国家农药登记许可	均获得国家农药登记许可
		农药种类是否符合NY/T 393要求	符合要求
		是否按农药标签规定用量合理使用	按照农药标签规定合理使用
		检查地块、周边等是否有农药等投入品包装物，并确认是否有绿色食品禁用投入品	没有发现
27	农药使用记录	是否有农药使用记录？（应包括地块、作物名称和品种、使用日期、药名、使用方法、使用量和施用人员）	有。作物名称、使用日期、药名、使用方法、使用量和施用人员
检查员评价		基地生态环境保护好，主要采用综合防治，以农业防治、物理防治、生物防治为主，少量使用农药防治，且有农药使用记录	

6.采后处理

序号	检查项目	检查内容	检查情况描述
28	收获	简述作物收获时间、方式	4月底至5月上中旬，人工采摘
		是否有收获记录	有记录
29	初加工	作物收获后经过何种初加工处理（清理、晾晒、分级、包装等）	人工装篮，无其他包装
		是否打蜡？是否使用化学药剂？说明其成分，是否符合GB 2760、NY/T 393的标准要求	否
		简述加工厂地址、面积、周边环境	/
		简述厂区卫生制度及实施情况	/
		简述加工流程	/
		是否清洗？清洗用水的来源	/
		简述加工设备及清洁方法	/
		加工设备是否同时用于绿色和非绿色产品？如何防止混杂和污染	/
		简述清洁剂、消毒剂种类和使用方法，如何避免对产品产生污染	/
检查员评价		4月底至5月上中旬采摘，现销不加工	

7.包装与贮运

序号	检查项目	检查内容	检查情况描述
30	包装材料	简述包装材料、来源	塑料果篮，食品级定制
		说明周转箱材料，是否清洁	不用
		纸类包装是否涂蜡、上油以及使用涂塑料等防潮材料	否
		纸箱是否使用扁丝钉钉合？所作标记是否使用油溶性油墨	/

序号	检查项目	检查内容	检查情况描述
30	包装材料	塑料制品是否使用含氟氯烃（CFS）的发泡聚苯乙烯（EPS）、聚氨酯（PUR）等产品	否
		金属类包装是否使用对人体和环境造成危害的密封材料和内涂料	/
		所用油墨、黏合剂等是否无毒？是否直接接触食品	/
		包装材料是否可重复使用、回收利用或可降解	可重复使用
31	标志与标识	是否提供了含有绿色食品标志的包装标签或设计样张？（非预包装食品不必提供）	提供了绿色食品标志预包装设计样张
		包装标签标识及标识内容是否符合 GB 7718、NY/T 658标准要求	符合要求
		绿色食品标志设计是否符合《中国绿色食品商标标志设计使用规范手册》的要求	符合要求
		包装标签中生产商、商品名、注册商标等信息是否与上一周期绿色食品证书中一致（续展）	初次申请
32	生产资料仓库	是否与产品分开贮藏	是，专用仓库
		简述卫生管理制度及执行情况	有制度，能执行
		绿色食品与非绿色食品使用的生产资料是否分区储藏，区别管理	绿色食品使用的农药、肥料、包装材料等生产资料，设专区分别存放
		是否储存了绿色食品生产禁用物？禁用物如何管理	未发现有绿色食品禁用物
		出入库记录和领用记录是否与投入品使用记录一致	有肥料、农药等农业投入品的购置和使用记录，购置品种、数量与使用记录基本一致
33	产品贮藏仓库	周围环境是否卫生、清洁、远离污染源	产品现采现销，不贮存

续表

序号	检查项目	检查内容	检查情况描述
33	产品贮藏仓库	简述仓库内卫生管理制度及执行情况	/
		简述贮藏设备及贮藏条件，是否满足产品温度、湿度、通风等贮藏要求	/
		简述堆放方式，是否会对产品质量造成影响	/
		是否与有毒、有害、有异味、易污染物品同库存放	/
		与同类非绿色食品产品一起贮藏的，如何防混、防污、隔离	/
		简述防虫、防鼠、防潮措施，说明使用的药剂种类和使用方法，是否符合 NY/T 393 的规定	/
		是否有贮藏设备管理记录	/
		是否有产品出入库记录	/
34	运输管理	采用何种运输工具	专用汽车
		简述保鲜措施	现采现销或游客自采
		是否与化肥、农药等化学物品及其他任何有害、有毒、有气味的物品一起运输	否
		铺垫物、遮垫物是否清洁、无毒、无害	有专用塑料篮子，无须铺垫物等
		运输工具是否同时用于绿色食品和非绿色食品？如何防止混杂和污染	专用塑料篮装入人力三轮车，无混杂和污染
		简述运输工具清洁措施	主要采用清水冲洗和阳光照晒处理
		是否有运输过程记录	有
检查员评价		樱桃现采现销不贮藏，包装用塑料篮，生产资料仓库管理规范，未发现绿色食品禁用农药，有专用运输工具，制度完善，执行基本到位，符合要求	

8.废弃物处理及环境保护措施

序号	检查项目	检查内容	检查情况描述
35	废弃物处理	污水、农药包装袋、垃圾等废弃物是否及时处理	农药包装袋收集后由镇农技部门统一回收处理
		废弃物存放、处理、排放是否对食品生产区域及周边环境造成污染	不会
36	环境保护	如果造成污染,采取了哪些保护措施	不涉及
检查员评价		基地农药包装等废弃物收集后由乡政府农技部门统一回收处理,环境保护措施做得较好	

9.绿色食品标志使用情况(仅适用于续展)

37	是否提供了经核准的绿色食品证书	/
38	是否按规定时限续展	/
39	是否执行了《绿色食品标志商标使用许可合同》	/
40	续展申请人、产品名称等是否发生变化	/
41	质量管理体系是否发生变化	/
42	用标周期内是否出现产品质量投诉现象	/
43	用标周期内是否接受中心组织的年度抽检?产品抽检报告是否合格	/
44	用标周期内是否出现年检不合格现象?说明年检不合格原因	/
45	核实用标周期内标志使用数量、原料使用凭证	/
46	申请人是否建立了标志使用出入库台账,能够对标志的使用、流向等进行记录和追踪	/
47	用标周期内标志使用存在的问题	/
检查员评价		/

10.收获统计

作物名称	种植面积(万亩)	茬/年	当地常规产量[吨/(亩·年)]	绿色食品产量[吨/(亩·年)]	预计收获量[吨/(亩·年)]
樱桃	0.1	1	0.55	0.5	0.5

现场检查意见

现场检查综合评价	经过现场实地检查，××家庭农场质量管理体系健全，生产基地管理制度规范，具备绿色食品生产组织管理能力；产地环境优良，适合发展绿色食品，农场注重生态环境保护，樱桃种苗来源明确，肥料施用注重有机肥，配合使用复合肥，有肥料施用记录；病虫草害防控主要采用农业防治、物理防治和生物防治，配合农药防治，防治效果好；樱桃采摘、收获、包装、运输有相关制度和记录，企业注意保护环境，按规定处理农业废弃物。生产管理过程符合绿色食品相关要求。
检查意见	☑合格 □限期整改 □不合格

检查组成员签字：

　　　　　　　　　　　　　　　　　　　　年　　　月　　　日

　我确认检查组已按照《绿色食品现场检查通知书》的要求完成了现场检查工作，报告内容符合客观事实。

申请人法定代表人（负责人）签字：

　　　　　　　　　　　　　　　　　（盖章）
　　　　　　　　　　　　　　　　　年　　　月　　　日

五、加工产品现场检查报告范例

加工产品现场检查报告

申请人	××食品有限公司	联系人	李四
申请类型	☑初次申请　□续展申请	电话	13××××　×××××
申请产品	话梅、甘梅	商标	××＋图形
申请产量（吨）	160，其中话梅100、甘梅60		
检查组派出单位	浙江省农产品质量安全中心		

检查组	分工	姓名	工作单位	电话
检查组	组长	×××	×××绿色食品办公室	××
	成员	×××	×××绿色食品办公室	××
		×××	县农业农村局	××
检查日期		2019年2月25日		

中国绿色食品发展中心

1.质量管理体系

序号	检查项目	检查内容	检查情况描述
1	基本情况	申请人的基本情况与申请书内容是否一致	一致
		申请人的营业执照、商标注册证、QS证等资质证明文件是否合法、齐全、真实	营业执照注册号××××，商标注册证第×××号，土地流转合同等资质证明文件合法、齐全、真实
		绿色食品生产管理负责人姓名、职务、职责	张三，负责质量管理
		内检员姓名、职务、职责	李四，负责质量管理
2	厂区及产品情况	厂区地址	××县××路
		加工厂区平面图与实际情况是否一致	一致
		是否委托加工	无委托加工
		是否存在平行生产？说明平行生产的产品名称、产量	独立生产线
3	生产管理制度	是否涵盖了绿色食品生产的管理要求	生产管理制度涵盖了绿色食品生产的管理要求
		生产管理制度是否健全并有效运行？（应包括人员管理、投入品供应与管理、加工过程管理、成品管理、仓储运输管理等）	生产管理制度健全，运行有效。有人员管理、投入品供应与管理、加工过程管理、成品管理、仓储运输管理等规章
		如委托加工，委托加工企业是否有资质（如QS等）？是否有绿色食品生产合同和生产制度	无，不涉及
		如存在平行生产，是否有平行生产管理制度	无，不涉及
		生产管理人员是否定期接受绿色食品培训	是
		是否有绿色食品标志使用管理制度	有

续表

序号	检查项目	检查内容	检查情况描述
4	加工规程	是否符合绿色食品标准要求	符合绿色食品标准要求
		是否上墙或在醒目地方公示	是
		产品加工、贮藏、运输、包装等各生产环节是否有行之有效的操作规程？（应包含非正常生产时不合格品的处置、召回等纠正措施）	有
5	产品质量追溯	申请前三年或用标周期内（续展）是否有质量安全事故和不诚信记录	没有
		是否有产品内检制度和内检记录	有产品内检制度和内检记录
		是否有产品检验报告或质量抽检报告	有产品检验报告
		是否设立了产品质量追溯体系？描述其主要内容	有，产品名称、生产商名称、重量、加工日期、地址、电话等
		是否保存了能追溯生产全过程的上一生产周期或用标周期（续展）的生产记录	企业初次申请绿色食品
		记录中是否有绿色食品禁用的投入品及生产技术	没有发现
		是否具有组织管理绿色食品产品生产和承担责任追溯的能力	有组织管理绿色食品产品生产和承担责任追溯的能力
检查员评价		企业质量管理体系健全，申请人的营业执照、商标注册证、SC证等资质证明文件合法、齐全、真实，生产管理制度健全，运行有效。有人员管理、投入品供应与管理、加工过程管理、成品管理、仓储运输管理等规章。有产品质量追溯制度	

2.厂区环境质量

序号	检查项目	检查内容	检查情况描述
6	周边环境	厂区是否远离工矿区和公路铁路干线	是
		周边是否存在对生产造成危害的污染源或潜在污染源	没有
		生产是否对周边环境产生污染	否
7	厂区环境	厂区是否有污染源	没有
		厂房及功能区布局是否合理	合理
		厂房设施是否满足生产需要	能满足生产需要
		厂区及生产车间设施清洁卫生状况是否符合 GB 14881 的标准要求	符合要求
		物流和人员流动是否合理	合理
		简述生产前、中、后卫生管理状况	人员进入车间前要洗手消毒，更换工作服、戴工作帽，每天对设备进行擦拭
8	加工用水(包括食用盐生产用水、食用盐原料水)、食盐水源水	来源	不涉及
		可能引起水源受污染的污染物及其来源	不涉及
		是否二次净化？简述净化流程	不涉及
		是否定期检测	不涉及
9	免测项目及免测理由	☑空气免测	□矿泉水水源区、食用盐原料产区空气免测
		☑土壤免测	□加工业区、矿泉水水源区、食用盐原料产区土壤免测
		□加工用水免测	□提供了符合要求的环境背景值

续表

序号	检查项目	检查内容	检查情况描述
9	免测项目及免测理由	□矿泉水水源水	□矿泉水水源水免测
		□续展免测	□产地环境、范围、面积未发生变化
			□产地及其周边未增加新的污染源
		□续展免测	□影响产地环境质量(空气、土壤、水质)的因素未发生变化
10	检测项目	□空气　□加工用水	
绿色食品生产适宜性评价		厂区远离工矿区和公路、铁路干线，周边环境优越，厂房标准，生产车间卫生制度执行良好，整洁卫生	

3.生产加工

序号	检查项目	检查内容	检查情况描述
11	生产工艺	简述工艺流程	青梅→清洗→分级→腌制→日晒→挑选→脱盐→糖渍→调味→烘干→包装检验
		是否存在潜在质量风险	没有发现
12	生产设备	是否满足生产工艺需求	可以满足生产工艺需求
		是否正常运转	正常运转
13	生产人员	是否有相应资质	有相应资质
		是否掌握绿色食品生产技术要求	是
检查员评价		生产加工设备先进，工艺流程标准统一，生产人员了解绿色食品生产技术	

4.主辅料和食品添加剂

序号	检查项目	检查内容	检查情况描述
14	主辅料	简述每种产品主辅料的组成、配比、年用量、来源	话梅：青梅××%、白砂糖×%、食用盐×%、葡萄糖×%；甘梅：青梅××%、白砂糖×%、食用盐×%
		是否经过入厂检验且达标	是
		组成和配比是否符合绿色食品加工产品原料的规定	符合规定
		核实原辅料购买合同和发票的有效性	原料青梅产自自有基地
15	食品添加剂	简述每种产品中食品添加剂的添加比例、成分、年用量、来源	话梅：黄甘宝×‰、甜菊糖苷×‰；甘梅：柠檬酸×‰、甜菊糖苷×‰、山梨酸钾×‰
		是否经过入厂检验且达标	是
		添加使用是否符合 GB 2760 和 NY/T 392 的标准要求	是
		核实购买合同和发票的有效性	有效
16	生产记录	主辅料等投入品的购买合同（协议）、领用、生产等记录是否真实有效	经核实，真实有效
检查员评价		主辅料来源符合要求，食品添加剂使用符合要求	

5.包装与贮运

序号	检查项目	检查内容	检查情况描述
17	包装材料	说明包装材料、来源	外包装为纸箱，内包装 PET/CPP 均来自××印刷有限公司
		周转箱材料是否清洁	不用
		纸类包装表面是否涂蜡、上油？涂塑料等防潮材料	否
		纸箱是否使用扁丝钉钉合？所作标记是否使用油溶性油墨	否

序号	检查项目	检查内容	检查情况描述
17	包装材料	塑料制品是否使用含氟氯烃（CFS）的发泡聚苯乙烯（EPS）、聚氨酯（PUR）等产品	不使用
		金属类包装是否使用对人体和环境造成危害的密封材料和内涂料	不使用
		所用油墨、黏合剂等是否无毒？是否直接接触食品	不使用
		包装材料是否可重复使用、回收利用或可降解	可回收，可降解，不重复使用
18	标志与标识	是否提供了含有绿色食品标志的包装标签或设计样张？（非预包装食品不必提供）	是
		包装标签标识及标识内容是否符合 GB 7718、NY/T 658 标准要求	是
		绿色食品标志设计是否符合《中国绿色食品商标标志设计使用规范手册》的要求	符合要求
		包装标签中生产商、商品名、注册商标等信息是否与上一周期绿色食品证书中一致（续展）	企业初次申请
19	原料贮藏	是否与产品分开贮藏	分开贮藏
		简述卫生管理制度及执行情况	卫生管理制度上墙，执行良好
		绿色食品与非绿色食品使用的原料是否分区储藏，区别管理	是，有专用加工生产线
		是否储存了绿色食品生产禁用物？禁用物如何管理	没有发现
		防虫、防鼠、防潮措施，使用的药剂种类、剂量和使用方法是否符合 NY/T 393 规定	符合规定
		出入库记录和领用记录是否与原料使用记录一致	一致

续表

序号	检查项目	检查内容	检查情况描述
20	成品贮藏	周围环境是否卫生、清洁,远离污染源	周围环境卫生、清洁,远离污染源
		简述仓库内卫生管理制度及执行情况	仓库内卫生管理制度上墙,执行良好
		简述贮藏设备及贮藏条件,是否满足食品温度、湿度、通风等贮藏要求	专用贮藏仓库,能满足食品温度、湿度、通风等贮藏要求
		说明堆放方式,是否会对产品质量造成影响	叠放,不影响产品质量
		是否与有毒、有害、有异味、易污染物品同库存放	未发现
		与同类非绿色食品产品一起贮藏的,如何防混、防污、隔离	单独分区存放
		简述防虫、防鼠、防潮措施,使用的药剂种类和使用方法是否符合 NY/T 393 规定	由专业消杀公司定期消杀,符合要求
		是否有贮藏设备管理记录	有
		是否有成品出入库记录	有
21	运输管理	采用何种运输工具	专用推车入库,产品销售用箱式汽车
		是否与化学物品及其他任何有害、有毒、有气味的物品一起运输	否
		铺垫物、遮垫物是否清洁、无毒、无害	是
		运输工具是否同时用于绿色食品和非绿色食品? 如何防止混杂和污染	专用运输车
		简述运输工具清洁措施	清扫,自来水冲洗
		是否有运输过程记录	有记录
检查员评价		成品包装外用牛皮纸套色箱体,内用 PET 材料透明体,原料及成品存放都有专设区域,运输管理符合要求	

6.废弃物处理及环境保护措施

序号	检查项目	检查内容	检查情况描述
22	废弃物处理	污水、下脚料、垃圾等废弃物是否及时处理	有少量的废弃物,能够及时收集处理
		废弃物存放、处理、排放是否对食品生产区域及周边环境造成污染	不会
23	环境保护	如果造成污染,采取了哪些保护措施	不会
检查员评价		废水入污管,加工后及时清洁卫生,环境保护良好	

7.绿色食品标志使用情况(仅适用于续展)

24	是否提供了经核准的绿色食品证书	/
25	是否按规定时限续展	/
26	是否执行了《绿色食品标志商标使用许可合同》	/
27	续展申请人、产品名称等是否发生变化	/
28	质量管理体系是否发生变化	/
29	用标周期内是否出现产品质量投诉现象	/
30	用标周期内是否接受中心组织的年度抽检?产品抽检报告是否合格	/
31	用标周期内是否出现年检不合格现象?说明年检不合格原因	/
32	核实上一用标周期标志使用数量、原料使用凭证	/
33	申请人是否建立了标志使用出入库台账,能够对标志的使用、流向等进行记录和追踪	/
34	用标周期内标志使用存在的问题	/
检查员评价		/

8.产量统计

产品名称	原料用量 (吨/年)	出成率(%)	实际产量 (吨/年)	计划产量 (吨/年)
话梅	108	93	100	100
甘梅	112	54	60	60

现场检查意见

现场检查 综合评价	经过现场实地检查，××食品公司质量管理体系健全，生产基地管理制度规范，具备绿色食品生产组织管理能力；厂区环境卫生整洁，生产加工工艺科学合理，主辅料、食品添加剂使用管理规范；包装、储运有明确的管理制度，生产管理过程符合绿色食品相关要求。
检查意见	☑合格 □限期整改 □不合格

检查组成员签字：

年　　月　　日

　　我确认检查组已按照《绿色食品现场检查通知书》的要求完成了现场检查工作，报告内容符合客观事实。

申请人法定代表人(负责人)签字：

(盖章)

年　　月　　日

第三节　初审工作清单

一、市、县、区绿色食品工作机构任务清单

□完成绿色食品申请材料初步审查，一式三份编制

□核查完成现场检查报告、初审报告等检查员工作材料，原件及一份复印件报省级工作机构，同时复印一份留档

□完成网上审核报送

二、省级绿色食品工作机构任务清单

□审查绿色食品申请材料和工作机构材料

□完成《初审报告》

□纸质原件报中国绿色食品发展中心，并完成网上报送

第五章
绿色食品证后监管

　　绿色食品标志商标作为特定的产品质量证明商标，已由中国绿色食品发展中心在国家市场监督管理总局注册，专用权受法律保护。绿色食品实施商标使用许可制度，使用有效期为三年。为保证绿色食品产品质量、规范标志使用，中国绿色食品发展中心建立了风险预警、产品抽检、企业年检、市场监察、公告公示、企业内检员六大证后监管制度，并在《绿色食品标志管理办法》中明确了标志使用人的权利和义务等。

第一节　监督管理制度

　　《绿色食品标志管理办法》规定，县级以上地方人民政府农业农村行政主管部门应当加强绿色食品标志的监督管理工作，依法对辖区内绿色食品产地环境、产品质量、包装标识、标志使用等情况进行监督检查。绿色食品主要证后监管制度措施有以下六项。

一、风险预警

中国绿色食品发展中心在工作系统或行业影响大的绿色食品企业设立绿色食品风险预警信息员，通过预警信息员和绿色食品专业检测机构收集绿色食品质量安全信息；同时聘请相关行业专家，成立质量安全预警管理专家组，对收集的绿色食品质量安全信息进行分析评价、风险处置。

二、产品抽检

中国绿色食品发展中心每年对有效期内的绿色食品开展监督性抽查检验。中国绿色食品发展中心统一制订抽检计划，省级绿色食品工作机构和定点检测机构负责实施抽样，产品抽样地点为市场和生产企业生产现场。抽检合格产品的检测报告可以替代续展产品检测报告使用；抽检不合格的产品，被抽检企业如有异议，应在接到通知后5日内提出书面复检或仲裁的申请，否则视为认可抽检不合格结论，依法取消该产品绿色食品标志使用权。

三、企业年检

企业年检是指绿色食品工作机构对辖区内获得绿色食品标志使用权的企业在一个标志使用年度内的绿色食品生产经营活动、产品质量及标志使用行为实施的监督、检查、考核、评定等。所有绿色食品企业在三年标志使用期内每年都必须进行年检，第三年度年检可以由续展申报现场检查替代。现场检查包括以下四方面内容：

1.产品质量控制体系执行情况

督促获证主体严格执行绿色食品标准和绿色食品与非绿色食品的防混控制措施等，重点检查企业内部检查员职责履行情况和绿色食品生产周期内企业开展内部检查情况，要求企业认真填写《绿色食品内检员内部检查工作手册》，做好内部检查记录。

2.高风险产品和关键环节

加强蔬菜、畜禽产品、水产品等高风险认定产品的现场检查，对企业产地环境、投入品使用、生产记录、包装标识、畜禽产品饲料来源、加工产品原料来源等环节进行重点检查。

3.企业规范使用标志情况

指导企业严格按照证书核准的产品名称、商标名称、获证单位、企业信息码、产品编号、核准产量、标志许可期限等规范使用绿色食品标志。

4.企业按时足额缴纳标志使用费情况

督促企业严格履行《绿色食品标志使用合同》，告知企业缴纳标志使用费时须以合同上的企业名称进行汇款，杜绝企业欠费情况。

在实地检查时，须按要求使用中国绿色食品发展中心统一印制的新版《绿色食品企业年检实地检查记录单》（简称《记录单》）。年检过程中，由县（市、区）级管理机构实施企业实地检查的，须由县（市、区）级管理机构负责人在"检查机构意见"栏签字并加盖公章；由市级管理机构实施企业实地检查的，应由市级管理机构负责人在"检查机构意见"栏签字并加盖公章。《记录单》第一联由具体实施检查的管理

绿色食品企业年检实地检查记录单

(＿＿＿＿＿＿年度)

检查机构名称	
受检单位名称	
企业信息码	检查日期
年检主要内容	1.产品质量控制体系状况： □符合要求　　□不符合要求，具体情况： 2.产品规范使用标志情况： □规范使用标志　　□不规范使用标志，具体情况： 3.标志使用费缴纳情况： □本年度已缴纳　　□本年度未缴纳，金额：＿＿＿元。 　其他情况： □无　　□有，具体情况： 　　　　　　　　　　　　　　　监管员签字：
受检单位意见	 　　　　　　　　　　　　　　　负责人签字： 　　　　　　　　　　　　　　　（盖章）
检查机构意见	 　　　　　　　　　　　　　　　负责人签字： 　　　　　　　　　　　　　　　（或盖章） 　　　　　　　　　　　　　　　日期：

机构留存，第二联由企业留存。检查完成后，递交省级工作机构的年检材料应包括《记录单》(第三联)、绿色食品证书原件、当年标志使用费缴费凭证复印件(若企业缴费为个人名义汇款，需在缴费凭证复印件上加盖企业公章)。

年检管理机构收到省级工作机构补充年检材料的审核意见后，如15个工作日内不能提供应补材料，省级工作机构将退回相关材料给年检负责人，待材料补充完整后再提交审核。对年检结论为"整改"的企业，应在一个月内完成整改，并经有关管理机构验收合格后，方能通过年检；对整改验收不合格或年检结论为"不合格"的企业，省级工作机构将按照有关规定，报请中国绿色食品中心取消其标志使用权并予以公告。

四、市场监察

绿色食品标志市场监察是对市场上绿色食品标志使用情况的监督检查。中国绿色食品发展中心负责全国绿色食品标志市场监察工作，各级绿色食品办公室负责本行政区绿色食品标志市场监察工作。监察市场分为固定市场和流动市场，固定市场作为市场监察工作的常年定点监测的市场，由中国绿色食品发展中心在全国范围内选定；流动市场由各省级工作机构安排，在各省级机构辖区内选择1～2家市场，主要采购固定市场监察点未能采样的标称绿色食品的产品。市场采样应以最简易、最小包装为单位购买，单价不得超过200元。同一企业的产品连续两年被查出违规用标，按照绿色食品标志管理的有关规定，由中国绿色食品发展中心取消其标志使用权。

五、公告与公示

绿色食品公告是指通过媒体向社会发布绿色食品重要事项或法定事项。信息公告公示主要涉及以下几方面内容：

（1）通过中国绿色食品发展中心认证并获得绿色食品标志使用许可的产品。

（2）经中国绿色食品发展中心组织抽检或国家及行业监督检验，质量安全指标不合格，被中国绿色食品发展中心取消标志使用权的产品。

（3）违反绿色食品标志使用规定，被中国绿色食品发展中心取消标志使用权的产品。

（4）逾期未缴纳绿色食品标志使用费，视为其自动放弃标志使用权的产品。

（5）逾期未参加中国绿色食品发展中心组织的年检，视为其自动放弃标志使用权的产品。

（6）绿色食品标志使用期满，逾期未提出续展申请的产品。

（7）其他有关绿色食品标志管理的重要事项或法定事项。

六、企业内检员

中国绿色食品发展中心于2010年印发了《绿色食品企业内部检查员管理办法》，开始推行企业内部检查员制度。绿色食品企业内部检查员，是指绿色食品企业内部负责绿色食品质量管理和标志使用管理的专业人员。企业内部工作人员必须通过相应培训，考试合格并按要求完成注册才能取得企业内部检查员资质。企业内部检查员的职责如下：

（1）宣传、贯彻绿色食品标准。

（2）按照绿色食品标准和管理要求，协调、指导、检查和监督企业内部绿色食品原料采购、基地建设、投入品使用、产品检验、包装印制、防伪标签、广告宣传等工作。

（3）配合绿色食品工作机构开展绿色食品监督管理工作。

（4）负责企业绿色食品相关数据及信息的汇总、统计、编制，以及与各级绿色食品工作机构的沟通工作。

（5）承担本企业绿色食品证书和《绿色食品标志商标使用许可合同》的管理，以及产品增报和续展工作。

（6）开展对企业内部员工有关绿色食品知识的培训。

第二节　标志管理

一、标志使用人权利

根据《绿色食品标志管理办法》的规定，标志使用人在证书有效期内享有下列权利：

（1）在获证产品及其包装、标签、说明书上使用绿色食品标志。

（2）在获证产品的广告宣传、展览、展销等市场营销活动中使用绿色食品标志。

（3）在农产品生产基地建设、农业标准化生产、产业化经营、农产品市场营销等方面优先享受相关扶持政策。

二、标志使用人义务

根据《绿色食品标志管理办法》的规定，标志使用人在证书有效期内应当履行下列义务：

（1）严格执行绿色食品标准，保持绿色食品产地环境和产品质量稳定可靠。

（2）遵守标志使用合同及相关规定，规范使用绿色食品标志。

（3）积极配合县级以上人民政府农业行政主管部门的监督检查及其所属绿色食品工作机构的跟踪检查。

（4）在证书有效期内，标志使用人的单位名称、产品名称、产品商标等发生变化的，应当经省级绿色食品工作机构审核后向中国绿色食品发展中心申请办理变更手续。

（5）产地环境、生产技术等条件发生变化，导致产品不再符合绿色食品标准要求的，标志使用人应当立即停止标志使用，并通过省级绿色食品工作机构向中国绿色食品发展中心报告。

（6）禁止将绿色食品标志用于非许可产品及其经营性活动。

三、标志使用证书变更

标志使用人应填写《绿色食品标志使用证书变更申请表》，一式三份提交省级绿色食品工作机构。省级绿色食品工作机构对备案申报材料是否符合备案受理条件进行初审，并提出初审意见。初审合格的，将备案申报材料报送中心审批。初审不合格的，书面通知标志使用人并告知原因。中国绿色食品发展中心对备案申报材料进行复审，复审通过的颁发新的证书。

四、标志使用证书遗失的补办

标志使用证书遗失后补办程序：标志使用生产商或者当地农业农村主管部门向省级绿色食品工作机构提交标志使用证书遗失情况说明，写明遗失原因、生产商、产品名称、产品编号和企业信息码等，经省级绿色食品工作机构初审后报中国绿色食品发展中心，中国绿色食品发展中心对申报资料进行审核，审核通过的给予补发新证。

五、标志使用权的取消

根据《绿色食品标志管理办法》的规定，标志使用人有下列情形之一的，由中国绿色食品发展中心取消其标志使用权，收回标志使用证书，并予以公告：

（1）生产环境不符合绿色食品环境质量标准的。

（2）产品质量不符合绿色食品产品质量标准的。

（3）年度检查不合格的。

（4）未遵守标志使用合同约定的。

（5）违反规定使用标志和证书的。

（6）以欺骗、贿赂等不正当手段取得标志使用权的。

标志使用人依照上述规定被取消标志使用权的，三年内中国绿色食品发展中心不再受理其申请；情节严重的，永久不再受理其申请。

六、标志监督管理员

绿色食品标志监督管理员是指各级绿色食品管理机构中，经中国绿色食品发展中心核准注册的从事绿色食品标志管理的工作人员。绿色食品管理机构应配备与当地绿色食品事业发展相适应的监管员。

中国绿色食品发展中心对标志监督管理员实行统一注册管理。申请监管员注册必须具备以下基本条件：热爱绿色食品事业，对绿色食品标志管理工作有强烈的责任感，遵纪守法，坚持原则，秉公办事；能够正确执行国家的有关法律、法规和方针、政策，熟悉绿色食品标准及有关管理规定；具有一年以上从事绿色食品管理工作的经验；具有大专以上学历或中级以上技术职称，掌握绿色食品标志管理业务知识；具有较强的组织管理能力。

标志监督管理员注册申请前应参加中国绿色食品发展中心或省级绿色食品工作机构举办的资格培训考试。经考试合格的，取得由中国绿色食品发展中心颁发的资格考试合格证书，通过金农工程应用系统注册。注册由省级绿色食品工作机构初审，经中国绿色食品发展中心审核、注册通过的在中国绿色食品发展中心网站上公布，证书有效期为三年。

省级绿色食品工作机构按照《浙江省绿色食品标志监督管理员工作绩效考评实施细则》，每年对有效期内的绿色食品标志监督管理员开展绩效考核，并按年度考核合格人员10%的比例向中国绿色食品发展中心推荐优秀监管员人选，绩效考核不合格者，将由中国绿色食品发展中心取消其监管员资格。

附录

绿色食品相关标准

　　绿色食品系列标准包括绿色食品产品适用标准目录，绿色食品农药、肥料、兽药、渔药、食品添加剂等使用准则，以及绿色食品茶叶、食用菌等各类产品现行标准，具体内容请扫描下方二维码下载参考。